화학자 홍 교수의 식물탐구 생활

화학자 홍 교수의 식물 탐구 생활

숲의 인문학

풀꽃

홍영식 글과 사진

황소걸음
Slow & Steady

머리말

풀과 나무를 알아가는 즐거움,
풀과 나무로 알게 되는 즐거움

갈릴레오는 망원경으로 하늘을 봤다. 달의 바다와 태양의 흑점, 목성의 위성. 지평선을 바라보던 것과 완전히 다른 세계가 펼쳐졌다. 갈릴레오에게 망원경이 있었다면, 내게는 영화 〈남한산성〉의 민들레가 있었다.

몽골 연수 후 돌아오는 비행기에서 우연히 본 〈남한산성〉에 나오는 민들레의 영어 자막 dandelion. 댄들라이언? 라이언? 민들레 잎이 사자 이빨처럼 들쭉날쭉해서 붙은 프랑스어 당들리옹dent-de-lion에서 유래했다고? 민들레는 '문 둘레에 피는 꽃'이라는 우리말에서 비롯한 이름이라고? 예전의 친구들이 반가워서 그랬을까? 이후 산, 들, 공원… 가는 곳마다 풀과 나무가 눈에 들어왔다.

화학과 물리 교사였으나 30년간 곤충의 생태를 관찰해서 《곤충기》를 쓴 파브르를 롤 모델 삼아 풀과 나무를 공부하기 시작했다. 처음에는 막막했지만 벽을 묵묵히 타고 오르는 담쟁이가 내게 용기를 줬고, 풀과 나무를 알아가는 즐거움, 풀과 나무로 알게 되는 즐거움이 컸다. 틈틈이 모아둔 그 즐거움을 책으로 펴낸다. 화학을 전공했기에 일부 오류가 있을 수 있다. 그럼에도 나의 식물 탐구 생활에 동일한 감정이입이 있기를 간절히 소망한다.

2024년 늦봄

홍영식

차례

봄

여름

가을

겨울

화학자 홍 교수의
식물 탐구 생활

봄

문 둘레 피는 꽃, 민들레

민들레 꽃

몽골에서 돌아오는 비행기 안, 병자호란(1636~1637년) 당시 삼전도의 굴욕까지 47일을 기록한 영화 〈남한산성〉(2017년)에 채널을 맞춘다. 할아버지를 잃은 소녀 나루가 자신을 거둬준 김상헌 대감을 기다리며 길가에 앉아 나뭇가지로 눈 쌓인 땅에 뭔가를 그린다. 김훈 작가의 소설 《남한산성》(2007년)에서 인조가 나루에게 하문[1]하는 것을 각색한 장면이다.

"물고기를 그린 것이냐?"

"예, 꺽지라는 물고기이옵니다."

"꺽지라?"

"강 가장자리에 사는 생선인데 맛이 달고 고소합니다."

"어찌 그리 자세히 아느냐?"

"봄이 오면 할아버지께서 제일 먼저 잡아 오신 생선이옵니다. 송파강[2]이 녹으면 소녀가 꺽지를 잡아드리겠습니다."

"송파강은 언제 녹느냐?"

"민들레 꽃이 필 때 녹습니다."

"그래, 겨울이 끝나면 민들레 꽃이 피겠구나."

청과 화친을 주장하는 최명길, 항전을 주장하는 김상헌, 이들 사이에서 갈등하는 인조. 그런데 영화에서 인조의 치욕적

1 '윗사람이 아랫사람에게 묻는 것을 부끄러워하지 않는다'는 불치하문(不恥下問)의 줄임말.

2 옛 잠실도 남쪽을 흐르던 한강의 본류. 지금은 매립하고 남겨놓은 곳이 석촌호수다. 잠실도의 북쪽을 흐르던 강은 신천강이라 했다.

인 삼배구고두례[3]보다 민들레의 영어 자막이 내 눈길을 끌었다. 댄들라이언dandelion은 민들레 잎이 사자 이빨처럼 들쭉날쭉해서 붙은 프랑스어 당들리옹dent-de-lion에서, 민들레는 '문 둘레에 피는 꽃'이라는 우리말에서 유래한 이름이다.

그러나 우리 주위에 흔한 민들레는 나루가 기다리던 민들레가 아니다. 서양민들레는 딴꽃가루받이와 제꽃가루받이가 가능해서 번식력이 강하고, 한 해에도 여러 번 꽃가루받이하므로 봄부터 가을까지 꽃과 씨앗이 동시에 보인다. 민들레는 딴꽃가루받이만 해서 봄에 꽃이 핀다. 그래서 '일편단심一片丹心 민들레'일까? 서양민들레는 꽃을 받치는 모인꽃싸개(총포)가 젖혀져 아래로 향하지만, 민들레는 위로 향해 꽃을 감싼다. 최근에는 개민들레(서양금혼초)가 제주도와 남부 지방에서 왕성하게 번식하며 생태계 교란종으로 지정됐다.

민들레가 가슴을 에는 그리움으로 다가온 것은 가수 박미경이 〈강변가요제〉에서 부른 '민들레 홀씨 되어'(1985년) 때문이다. "어느새 내 마음 민들레 홀씨 되어 강바람 타고 훨훨 네 곁으로 간다"는 노랫말이 떠오른다. 홀씨는 버섯이나 양치류 같은 포자식물이 무성생식을 하기 위한 생식세포다. 그런데 민들레는 종자식물이니 생식세포는 갓털이 달린 씨앗이다. '후~' 불면 하나씩 흩날리는 씨앗을 보고 홀씨라 했을 것이다. 이에

3 무릎을 한 번 꿇을 때마다 머리를 세 번 조아리는 항복 의식.

민들레 씨앗

개민들레 꽃

생물 선생님들은 민들레는 홀씨가 아니라 씨앗으로 번식한다고 가르쳐야 했다. 박미경은 인터뷰에서 "민들레는 홀씨가 아니라 포자로 번식한다는 사실을 알게 됐다"며 사과했는데, 포자包子도 홀씨의 한자어다. 그렇지만 '눈이 녹으면 봄이 온다' 처럼 일상의 표현이 반드시 과학적이어야 하는 것은 아니다.

생각하는 꽃, 팬지?

삼색제비꽃

삼색제비꽃은 제비꽃을 개량한 한해살이풀 혹은 두해살이풀이다. 꽃잎 다섯 장 가운데 앞쪽 두 장은 알록달록한 무늬가 있고, 뒤쪽 두 장은 단색이다. '팬지pansy'라고도 하는데, 꽃 모양이 사색에 잠긴 사람과 비슷해 '생각'을 뜻하는 프랑스어 팡세pensée에서 유래한 이름이다.

《팡세》(1670년)[4]는 파스칼의 수상록이다. 그는 최초의 계산기 파스칼라인을 발명했고, 기하학과 확률론의 기초를 다졌으며, 압력에 관한 파스칼의 원리를 체계화한 천재다. 태풍의 중심기압을 나타내는 단위 '파스칼Pa'이 그의 이름에서 유래한다. 그는 과학자이자 수학자지만, 마차 사고를 계기로 철학과 신학에 몰입하며 "인간은 자연에서 가장 약한 하나의 갈대에 불과하다. 그러나 생각하는 갈대다"와 같은 명언을 남겼다.

파스칼과 진공의 존재에 관해 논쟁을 벌인 또 다른 천재, 데카르트도 《방법서설》(1637년)[5]에서 "나는 생각한다, 고로 존재한다"라는 명언으로 근대 철학의 문을 열었다. 근대 조각의 아버지 로댕이 욕심으로 지옥에 떨어진 군상을 바라보며 고민하는 단테를 묘사한 '지옥의 문'(1880~1917년)에서 '생각하는 사람'도 르 팡세르Le Penseur다.

봄이면 삼색제비꽃과 함께 곳곳에서 제비꽃, 흰제비꽃, 졸방제비꽃 등이 앞다퉈 핀다. 제비꽃은 '강남 간 제비가 돌아올 때쯤 피는 꽃'에서 유래한 이름이다. 그 무렵에 오랑캐가 자주 쳐들어와서 '오랑캐꽃'으로도 불렸다. 제비꽃은 종류가 다양하기로 유명하다. 가장 흔한 것은 해방 후 널리 퍼진 하트 모양 종지나물(미국제비꽃)로, 순식간에 화단을 점령한다. 산에 주

4 파스칼 사후에 유족과 친척들이 펴낸 책으로, 원제는 《종교와 기타 주제에 대한 파스칼 씨의 생각》이다.

5 학문 연구 방법과 형이상학, 자연학의 개요를 논술한 책. 원제는 《이성을 올바르게 이끌어, 여러 가지 학문에서 진리를 구하기 위한 방법의 서설》이다.

제비꽃

흰제비꽃

졸망제비꽃

종지나물

로 피는 노랑제비꽃은 구병산에서 만났다. 이들이 지고 나면 토레니아(여름제비꽃)가 화단을 차지한다.

자손을 남기려는 제비꽃의 전략은 창의적이다. 꽃 뒷부분에 있는 꿀주머니(거鋸)가 곤충을 불러들여 꽃가루받이한다. 씨앗에는 단백질이 풍부한 지방 덩어리 엘라이오솜이 있어 개미를

노랑제비꽃

토레니아

제비꽃 꼬투리

유혹한다. 개미가 꼬투리에서 튕겨 나온 씨앗을 개미집으로 가져가서 엘라이오솜만 먹고 버리면 씨앗이 발아하는데, 이런 식물을 '개미 살포 식물'이라 한다. 왜 무거운 씨앗이 붙은 채로 운반할까? 씨앗만 떼어내면 엘라이오솜이 빨리 마르기 때문이다. 자손을 널리 퍼뜨리기 위한 제비꽃의 디테일한 꽝세다.

봄나물 국가 대표, 냉이와 달래

냉이 꽃

삼색제비꽃으로 봄단장을 마친 화단 한쪽 구석에 냉이 꽃이 앞다퉈 핀다. 꽃잎 네 장이 십자 모양인 냉이는 십자화과에 들며, 잎이 둥글게 뭉쳐나는 로제트 식물[6]이다. 봄나물의 대표 선수

6 짧은 줄기에 잎이 장미(rose)처럼 동그랗게 배열된 식물.

말냉이 꽃

미나리냉이 꽃

로 된장국과 찌개, 나물, 비빔밥 등을 만들어 먹는다. 냉이는 단백질 함량이 두부에 버금가는 7퍼센트로, 채소 중에서 가장 높다. 냉이도 제비꽃 못지않게 종류가 다양하다. 곳곳에서 말냉이, 미나리냉이, 개갓냉이, 싸리냉이, 황새냉이, 콩다닥냉이, 좁쌀냉이, 꽃냉이를 만났다. '꽃차례를 돌돌 말고 있다'는 꽃말이에서 유래한 꽃마리는 '잣냉이'라고도 한다.

개갓냉이 꽃

싸리냉이 꽃

봄철 입맛을 돋우는 냉이된장국의 단짝은 달래장이다. 달래는 비타민, 칼슘, 철분이 많아 빈혈과 동맥경화, 피부 노화를 방지하며 알뿌리나 살눈(주아)으로 번식한다. 알뿌리는 꿩 알 혹은 마늘과 비슷해 제주에서는 '꿩마농'이라 불렀다. 김장이 떨어지면 꿩마농으로 김치를 담그기도 했다.

단군신화에서 곰이 쑥과 먹었다는 마늘이 달래라고도 한다.

황새냉이 꽃

콩다닥냉이 꽃

지중해 연안에서 전래한 마늘은 달래와 비슷해서 호산胡蒜으로 불리다가 마늘이 널리 퍼지자 크기가 큰 호산은 '대산',[7] 작은 달래는 '소산'이 됐다. 마늘은 고려 시대에 전래했기 때문에

7 제주 사투리로 마늘은 '콥대산이', 무는 '놈삐', 배추는 '나물'이다.

좁쌀냉이 꽃

꽃냉이 꽃

《삼국유사》(1281년)[8]에서 환웅이 곰과 호랑이에게 줬다는 산蒜은 마늘이 아니라 달래라는 것이다. 냉이와 달래뿐만 아니라 봄에 새순은 대부분 나물로 먹는다. 다만 두릅과 고사리, 원추리 등

8 고려의 승려 일연이 편찬한 삼국시대 역사서.

꽃마리 꽃

산달래 꽃

은 데쳐서 독성을 빼내야 식중독을 예방할 수 있다.

도심에서 봄은 개나리, 목련, 영춘화와 함께 시작하지만, 들판은 냉이 꽃이 피고 달래가 움터야 진짜 봄이다. '나 잡아봐라' 하듯 곳곳에 소리 없이 피는 작은 꽃의 몸짓과 함께하는 봄. 소풍에서 보물찾기로 선물 받은 냉이와 달래다.

불광불급과 미치광이풀

미치광이풀 꽃

문경의 희양산, 길을 잘못 들었나? 등산화에 바스러진 낙엽을 이정표 삼아 조심스레 오른다. 진달래가 드문드문 보일 뿐이다. 그 순간, 푸른 잎 사이로 짙은 보라색 고깔 모양 꽃을 만났다. 가지과에 들고, 소가 먹으면 미쳐서 날뛴다는 미치광이풀이다.

얼마나 독성이 강하면 미치광이풀일까? 스코폴라민과 아트로핀 등 알칼로이드[9] 성분이 부교감신경을 마비시켜 심하면 정신착란을 일으킨다. 그러나 약과 독은 용량의 차이일 수 있다. 스코폴라민은 멀미약 '키미테'에, 아트로핀은 심폐 소생술에서 강심제 주사액에 쓰인다.

멀미는 왜 날까? 자동차나 배를 타면 몸의 평형을 담당하는 전정기관이 평소와 다른 정보를 뇌로 전달한다. 이에 눈으로 보는 것과 뇌의 감각이 달라 멀미가 나며, 위와 연결된 부교감신경이 방해받아 구토나 복통을 일으킨다. 이때 스코폴라민은 부교감신경을 차단해서 멀미를 예방한다. 스코폴라민은 혈액을 타고 온몸으로 순환하기 때문에 키미테는 어디에 붙이든 효과가 같다.

정민 교수가 쓴 《미쳐야 미친다》(2004년)가 화제가 된 적이 있다. 불광불급不狂不及, '미치지 않으면 미치지 못한다'는 말이다. 미치려면(及) 미쳐라(狂). 지켜보는 이에게 광기로 비칠 만큼 정신의 뼈대를 하얗게 세우고, 미친 듯이 몰두하지 않고는

9 동물에게 강한 생리작용을 일으키는 염기성 질소를 포함한 헤테로고리화합물. 약초는 대개 알칼로이드다.

결코 우뚝한 보람을 나타낼 수 없다.

뭔가에 미치려면 구체적인 대상과 목표가 있어야 한다. 하버드 경영대학원 졸업생을 대상으로 한 설문 '당신은 인생의 구체적인 목표와 계획을 글로 써놓은 것이 있습니까?'에 '그렇다'고 답한 사람은 3퍼센트로 나타났다. 10년 뒤 그들의 소득은 나머지 97퍼센트보다 평균 10배 많았다. 여러 논란이 있지만, 에베레스트로 가는 이들은 대상과 목표가 뚜렷한 불광불급의 산악인이다.

《미쳐야 미친다》의 1부 주제가 '불광불급'이라면, 2부 주제는 '만남'이다. 누구든 일생에 잊을 수 없는 만남이 몇 차례 있다. 이 만남이 인생을 바꾸고 사람을 바꾼다. 물론 만남이 맛있으려면 그에 걸맞은 마음가짐이 필요하다.

나는 왜 산으로 가는가? 버킷 리스트 가운데 하나인 '100대 명산 완등' 때문이다. 적당히 미쳐도 미칠 수 있는 적광도달適狂到達의 목표다. 거기에는 지나치면 사망이지만 적당하면 약이 되는 미치광이풀의 맛난 만남도 있다.

현호색과 '활명수'

현호색

이른 봄 습기가 있는 산기슭에서 모양이 특이한 꽃을 만났다. 하늘빛을 띤 꽃 색깔도 곱지만, 모양이 꼬리를 들고 노래하는 새를 닮았다. 현호색 속명 *Corydalis*는 '종달새'를 뜻하는 그리스어에서 유래한다. 이름도 특이하다. 검을 현玄, 오랑캐 호胡, 새끼 꼴 색索, 현호색이다. '뿌리가 검고 돋아나는 새싹이 매듭 모양인 북쪽 지방 식물'이라는 뜻이다.

현호색 덩이줄기는 소화제 '활명수'의 중요한 원료다. 활명수는 1897년에 의학 지식이 풍부한 선전관 민병호가 고종을 지근거리에서 보좌하며 익힌 소화제 비법에 제중원[10]에서 배운 양약 성분을 배합해서 만든 우리나라 최초의 신약이다. 아선약(아까시나무 가지를 조려 만든 약), 말린 귤껍질(진피), 현호색, 정향, 육두구, 생강, 후박 등이 원료로 쓰였다.

생명을 살리는 물, 활명수活命水. 1960년대까지만 해도 우리나라 사람들은 밥을 지금보다 훨씬 많이 먹었다. 고봉밥이라 하지 않았나. 조선을 네 번 방문한 영국의 지리학자 이사벨라 버드 비숍은《조선과 그 이웃 나라들》(1897년)에 "조선 사람들은 한 사람이 보통 3~4인분을 먹는다. 서너 명이 앉으면 복숭아와 참외가 스무 개 이상 사라진다"고 기록했다. 그러다 보니 급체로 사망하는 경우가 많았으며, 위장 장애와 소화불량이 흔한 질병이었다.

한약과 달리 효과가 빠른 활명수는 불티나게 팔렸다. 민병호가 설립한 우리나라 최초의 제약 회사 동화약방(현 동화약품) 지점이 전국에 생겼고, 만주까지 퍼졌다. 이후 유사 상품이 봇물 터지듯 등장하자, 동화약방은 1910년에 우리나라 최초로 부채표[11]라는 상표를 등록한다.

10 1885년 국내에서 처음 개원한 서양식 왕립 병원. 설립 당시 이름은 광혜원이며, 이후 '대중(백성)을 구제한다'는 뜻을 담아 제중원(濟衆院)으로 바꿨다.

11 지죽상합 생기청풍(紙竹相合 生氣淸風, 종이와 대나무가 합해 맑은 바람을 일으킨다)에서 유래하며, '민족이 합심하면 잘 살 수 있다'는 뜻이다.

민병호의 아들 민강은 독립운동가다. 삼일운동(1919년) 직후 상하이임시정부와 국내를 연결하는 서울연통부의 아지트가 동화약방이었다. 연락과 정보 수집의 총괄 책임을 맡은 민강은 활명수를 판매한 수입으로 임시정부를 지원했다. 그는 독립대동단에도 가입했다. 대동단은 의친왕 이강을 상하이로 탈출시켜 임시정부 지도자로 추대하려 했으나, 성공 직전에 단둥역에서 체포되고 말았다.

내게는 활명수보다 '까스명수'가 익숙하다. 까스명수는 삼성제약이 1960년대에 유행한 탄산음료에서 힌트를 얻어 세계 최초로 탄산가스를 함유한 소화제다. 한때 까스명수가 활명수의 라이벌로 떠올랐으나, 동화약품도 '까스활명수'를 출시하면서 브랜드 파워로 다시 우위를 차지한다. 마케팅 전략은 '부채표가 없는 것은 활명수가 아닙니다'라는 차별화였다.

2011년 의약외품으로 지정된 소화제나 감기약 등의 마트 판매가 허용되면서 다시 경쟁이 붙었다. 결정적인 차이는 약품으로 분류된 현호색의 포함 여부였다. 까스명수는 의약외품, 까스활명수는 일반의약품으로 분류됐으나 그 영향은 크지 않았다. 대다수 사람은 속이 더부룩하면 마트보다 약국에 갔고, 까스활명수를 찾았다. 곧이어 동화약품도 현호색을 뺀 '까스활'을 출시했다.

현호색과 까스활명수. 몇 명에게 물었다. "까스… 다음에 오는 것은?" 모두 "활명수"라 답한다. 나는 왜 당연히 '명수'로 알고 있었을까?

파브르를 울린 꼭두서니

꼭두서니

갈퀴처럼 옷깃을 끌어당기는 풀이 있다. 이름을 들으면 꼭두각시가 떠오르는 꼭두서니다. 꼭두는 꼭두새벽처럼 '가장 이른 시간'이나 꼭두머리처럼 '꼭대기'를 뜻하지만, '이승과 저승을 연결하는 초월적인 존재'를 말하기도 한다. 장례식 때 상여에 붙이는 사람 모양 꼭두가 대표적이다. 남사당놀이는 풍물, 버나(대접돌리기), 살판(땅재주), 어름(줄타기), 덧뵈기(탈놀

꼭두서니 꽃

음), 덜미(꼭두각시놀음) 순서로 진행한다. 여기서 덜미는 '인형 목덜미를 잡고 논다'는 데서 나온 말이다. 시공간을 초월한 존재에서 덜미 잡힌 꼭두각시가 됐을까?

붉은색 염료로 쓰인 꼭두서니는 남사당패의 우두머리 꼭두쇠가 붉은 옷을 입은 데서 유래한 이름이다. 옛날에는 붉은색을 꼭두색이라고도 했다. 갈퀴덩굴처럼 네모난 줄기에 잎 여러 장이 돌려나며, 잎자루와 줄기에 짧은 가시가 있다.

꼭두서니는 파브르가 가난의 굴레에서 벗어나기 위해 신분 상승의 사다리로 꿈꾼 식물이다. 꼭두서니에서 붉은색 염료 알리자린alizarin을 추출하는 방법을 찾아낸 것이다. 다음은 파브르가 집필한 《곤충기Souvenirs entomologiques》(1879~1907년)에 실린 회고다.

> 무척 기뻤다. 이제 장래가 보인다. 나의 회색 하늘에 뚫린 구멍 하나에서 장밋빛이 반짝이기 시작했다. 이제 그날그날의 빵 문제에 골몰하던 지옥에서 해방되어 조용히 곤충 사이에서 생활할 수 있겠지….

얼마 후 알리자린 제조법이 개발되면서 값이 절반 이하로 폭락했고, 그의 꿈은 물거품이 되고 말았다. 가난한 가정에서 태어난 파브르는 고학으로 사범학교를 졸업한 뒤 교사가 됐다. 그를 사로잡은 것은 노래기벌의 습성이었다. 그는 노래기벌에 잡힌 비단벌레가 썩지 않는 까닭이 벌의 독이 방부제 역할을 하기 때문이라는 설명에 의문을 품었다. 그리고 관찰과 실험을 통해 비단벌레는 죽은 것이 아니라 독침에 마비된 것임을 밝혀 학계의 주목을 받았다.

파브르에게 터닝 포인트가 찾아왔다. 56세에 퇴직하면서 벌의 생태를 기록한 《곤충기》가 대박 난 것이다. 계속해서 과변태(2~4권), 벌과 매미, 사마귀(5권), 꽁지벌레와 쇠똥구리(6권), 도롱이벌레, 꿀벌, 파리 등 여러 곤충(7~8권), 거미와 전갈(9권), 쇠똥구리(10권)까지 30년에 걸쳐 《곤충기》를 완성했다. 과학자들은 과학에 문학작품을 뒤섞었다고 평가절하 했지만, 《곤충기》는 그를 세계적인 학자일 뿐만 아니라 노벨 문학상 후

갈퀴아재비

보에 올려놓은 곤충생태학의 교과서 같은 연구다.

그는 종전의 지식을 답습하지 않고, 하나하나 관찰해서 확인했다. 나무 밑에서 축제용 대포를 쏴도 꿈쩍하지 않는 매미를 보고 청력이 나쁘다는 것을 확인하기도 했다. 매미는 짝을 찾는 소리를 낼 때 청각을 끄는 기능이 있어 다른 소리를 못 듣기 때문이다.

붉은색 염료로 쓰인 꼭두서니와 지천명의 나이에 시작해 30년간 《곤충기》를 집필한 파브르. 화학과 물리 교사였는데도 《곤충기》를 쓴 파브르는 나의 롤 모델이다. 중미산에서는 꼭두서니와 닮은 갈퀴아재비도 만났다.

멀대 같은 머위

머위 꽃

아파트 텃밭에 머위가 꽃을 피웠다. 머위는 음지나 습지에서 잘 자란다. 이른 봄 땅속줄기에서 암수딴그루로 꽃이 피며 암꽃은 흰색, 수꽃은 누런빛을 띤 흰색이다. 꽃이 지면 긴 잎자루에 부채 같은 잎이 자란다. 어린잎과 잎자루는 특유의 쌉싸름한 맛이 나며, 장아찌를 담그거나 데쳐서 쌈으로 먹는다.

머위는 한자어로 관동款冬, 겨울과 친한 풀이다. 조선 시대 백

머위

과사전 《재물보》(1798년)에 '백 가지 풀 가운데 이것만이 겨울을 두려워하지 않는다'는 기록이 있다. 영어로는 버터버butterbur, 잎으로 버터를 싸서 보관한 데서 유래한 이름이다. 머위는 긴 잎자루가 멀대처럼 보여서 머위일까?

키만 크고 야물지 못한 사람을 놀림조로 일컫는 멀대는 원래 '한옥의 칸과 칸 사이 기둥 위에 가로로 놓여 지붕을 떠받치는 대들보'를 말한다. 이를 머릿대라고도 하는데 빨리 말하면 멀대다. 멀대 같다는 '키가 대들보에 닿을 만큼 크다'는 뜻이다. 이처럼 멀대는 한옥에서 가장 중요한 구조물임에도 키 큰 사람을 실속 없다고 말할 때 쓰인다. 반면에 대들보 같다

털머위 꽃

개머위

는 '집을 떠받칠 정도로 중요하다'는 뜻이다. 같은 말이지만 정반대 뉘앙스다.

지금은 멀대처럼 큰 키를 선호하지만, 예전에는 키가 크면 괜한 시선을 끌었다. 그 눈길이 부담스러웠을까? 학창 시절 170센티미터가 넘는 듯한 여학생은 어깨가 움츠린 듯 보였다. 큰 키가 스트레스일 거라는 왜곡된 상상 때문이었을까? 반면에 '작은 고추가 맵다'는 긍정의 언어다. 꽈리고추처럼 예외도 있지만, 고추는 크기가 작을수록 스코빌[12] 수치가 높다. 오이고

12 고추에 포함된 캡사이신의 농도를 계량화해 매운 정도를 나타낸 지수. 미국의 화학자 윌버 스코빌이 1912년에 개발했으며, SHU로 표기한다. 100SHU는 물을 100배 섞었을 때 매운맛을 느끼지 못한다는 의미다.

추가 0~25, 풋고추는 1500, 청양고추는 4000~1만 2000SHU다.

작은 고추의 대명사는 "내 사전에 불가능이란 없다"고 한 나폴레옹이다. 세인트헬레나섬에 유배된 나폴레옹이 사망한 뒤 부검한 결과, 그의 키는 5.2피에(약 169센티미터, 1피에=32.5센티미터)로 당시 프랑스 남성의 평균인 164센티미터보다 컸다. 프랑스의 길이 단위 '피에'가 영국의 피트(1피트=30.5센티미터)로 잘못 해석되면서 나폴레옹의 키는 158센티미터라는 인식이 사람들의 뇌리에 박힌 것이다. 여기에는 나폴레옹을 폄하하려는 영국의 의도가 있었다고도 한다.

건장한 황실 근위병보다 상대적으로 작아 보인 나폴레옹이 "내 키는 땅에서 재면 가장 작지만, 하늘에서 재면 가장 크다"라고 한 '셀프 디스'도 그의 키가 작다는 설에 일조했다. 160센티미터 정도인 조카 나폴레옹 3세와 혼동한 것이라는 설도 있다. 이처럼 키 작은 사람이 열등감에 대한 보상 심리로 타인에게 드러내는 공격적인 태도를 '나폴레옹 콤플렉스'라 한다.

털머위는 제주도와 남부 지방에 서식한다. 독성이 있는 잎이 왁스를 칠한 것처럼 윤기가 난다. 바닷가에 잘 자라서 '갯머위', 잎이 곰취와 비슷하고 꽃이 커서 '말곰취'라고도 한다. 늦가을에 가지 끝에 노란 꽃이 피고, 민들레처럼 씨앗을 퍼뜨리며, 관상용으로 많이 심는다. 중미산에서는 개머위도 만났다.

앵초의 유전학

프리뮬러 꽃

보라매공원으로 나섰다. 화단에 삼색제비꽃, 데이지, 프리뮬러가 한창이다. '처음'을 뜻하는 *Primula*는 앵초속을 통칭하지만, 대개는 관상용 서양 앵초를 말한다. 꽃이 열쇠 꾸러미처럼 보여 '천국의 열쇠' 혹은 '베드로의 열쇠'라고도 한다. 영어로는 '봄에 첫 번째 피는 장미'라는 뜻인 프림로즈primrose, 한자어 앵초는 벚나무 앵櫻에 풀 초草를 쓴다.

앵초 꽃

앵초는 개나리처럼 암술이 수술보다 긴 암술우세꽃(장주화)과 짧은 수술우세꽃(단주화)이 있다. 다윈이 자서전에서 '암술의 길이가 다른 의미를 이해하게 되어 기뻤다'고 한 꽃이 바로 앵초다. 다윈은 딴꽃가루받이로 유전적 다양성을 확보해 환경 변화에 적절히 대응하기 위한 전략을 깨달았다. 제꽃가루받이는 생존에 불리한 열성유전자가 후손에게 유전될 확률이 높기 때문이다. 이외에도 암술과 수술의 길이 혹은 성장 시기를 다르게 하거나, 암꽃과 수꽃을 다른 개체에서 피우는 방법 등으로 제꽃가루받이를 피한다.

이들과 달리 순수 혈통을 지키려는 왕가의 근친혼은 자손의 유전병과 함께 몰락을 가져왔다. 15세기 이후 유럽을 지배한 합스부르크 왕가는 간질, 통풍 등과 '합스부르크 턱'이라 불리는 주걱턱으로 고통을 받았다. 에스파냐의 최전성기를 이끈 펠리페 2세는 윗니와 아랫니가 맞물리지 않아 음식물을 갈아서 먹어야 했다. 결국 에스파냐 합스부르크 왕가는 온갖 병에 시달린 카를로스 2세에서 대가 끊겼다. 오스트리아 합스부르크 왕가 출신 마리 앙투아네트 왕비가 항상 부채를 챙긴 이유도 턱을 가리기 위해서라고 한다.

제정러시아 로마노프왕조가 파국을 맞은 원인도 근친혼이다. 혈우병 보인자인 영국 빅토리아 여왕의 후손이 다른 나라 왕가와 결혼하면서 불행이 시작됐다. 러시아의 니콜라이 2세 황제와 결혼한 빅토리아 여왕의 손녀 알렉산드라 황후가 혈우병 보인자다. 황후는 네 딸을 낳은 뒤 아들을 낳았으나, 황태자가 혈우병 환자였다. 그녀는 아들을 치료하려고 사이비 요승 라스푸틴에게 매달린다. 처방은 안정을 취하는 것에 불과했지만, 공교롭게도 그때마다 황태자는 차도를 보이는 듯했다. 이후 라스푸틴이 막후 실세로 황후를 조종하고 각종 전횡을 저지르면서 부정부패는 극에 달했고, 러시아혁명(1917년)으로 제정러시아는 막을 내렸다.

왜 네 딸과 달리 유독 황태자만 혈우병이었을까? 혈우병은 성염색체의 X염색체에 의해 열성유전 된다. 따라서 어머니가 보인자(X′X)라면 아들이 혈우병(X′Y)이나 정상(XY)일 확률은 50퍼센트인데, 황태자는 불행히 X′Y였다. 반면에 딸은 정상(XX) 혹은 보인자(X′X)로서 혈우병이 발병하지 않는다. 이처럼 성염색체의 유전자에 따른 유전 현상을 '반성유전'이라 한다.

생물학적 근친혼뿐만 아니라 사상적 이념의 편견도 불치병을 낳는다. 왕가의 '순수 혈통'을 지킨다는 우월감이 유전병으로 몰락의 길을 자초했듯이, '우리끼리'를 고집하는 정치와 문화, 민족, 종교적 근본주의도 마찬가지다. 인종의 용광로인 미국이 각자의 문화를 이해하며 세계 최강국이 됐듯이, 잡종과 하이브리드, 융합 · 복합 마인드가 '편견'이라는 근친혼을 이길 수 있다.

유전적 다양성이 풍부한 걸까? 프리뮬러는 다양한 원예 품종으로 개량됐다. 날이 좋아 찾은 화담숲에서 앵초를 만났다. 꽃잔디 같은 연분홍 꽃이 곱기 그지없다.

몰래 주는 사랑, 애기똥풀

애기똥풀 꽃

따사로운 햇살이 강의실을 비춘다. 싱숭생숭해 파견 교사들과 함께 서울교육대학교 교정의 식물을 찾아 나섰다. 가느다란 줄기에 개나리처럼 노란 애기똥풀이 눈에 띈다. "저 노란 꽃이 애기똥풀이에요" "아! 얘가 그 애기똥풀인가요?" 같은 사물도 쌓인 경험과 지식에 따라 달리 보인다. 꽃 이름만 알아도 친근한 이웃이 된다. 그런데 안도현 시인이 《그리운 여우》(1997년)

애기똥풀 유액

에서 "나 서른다섯 될 때까지 / 애기똥풀 모르고 살았지요"라 고백하듯이 의외로 애기똥풀을 모르는 이가 많다.

애기똥풀은 줄기를 꺾으면 아기 똥 같은 노란 유액이 나와서 붙은 이름이다. 유액이 젖처럼 나와서 '젖풀', 가느다란 줄기가 억세서 '까치 다리'라고도 한다. 굵고 긴 초록색 암술이 특이하다.

큰방가지똥

서른에 낳은 딸을 대하는 부모의 마음은 같은 듯 달랐다. 노란 아기 똥은 아빠에게 'just one of 똥'이지만, 엄마에게는 'only lovely 똥'이었다. 한밤중에 보채는 아기를 달래고 분유 타기는 일도 아니지만, 똥 기저귀 갈기는 고역이었다. 그러나 엄마는 기저귀를 펼치고 똥을 찬찬히 살핀다. 아기 똥이 건강한지.

애기똥풀의 속명 *Chelidonium*에도 엄마의 애틋한 사랑이 담겨 있다. *Chelidonium*은 '제비'를 뜻하는 그리스어 첼리돈chelidon에서 유래한다. 제비는 새끼가 부화할 때 눈을 잘 뜰 수 있게

애기똥풀 유액을 새끼의 눈에 발랐다는 그리스신화에서 비롯한다. 애기똥풀의 꽃말은 '몰래 주는 사랑'이다. 아기 똥 기저귀 갈기도 엄마가 몰래 준 사랑이다. 누구나 똥 기저귀를 차고 자랐지만, 그 사랑을 얼마나 기억할까? 애기똥풀은 우리나라에 드문 양귀비과 식물이다. 다양한 알칼로이드 성분을 함유해 벌레 물린 데나 무좀, 습진, 사마귀 제거에 효과가 있다.

방가지똥은 줄기에서 나온 흰 유액이 갈색으로 변하면 방아깨비 똥과 비슷한 데서 유래한 이름이다. '방가지'는 방아깨비의 경기도 사투리다. 방가지똥은 콩과 식물인 살갈퀴와 함께 토끼에게 최고의 영양식이다. 게다가 방가지똥을 먹은 암탉은 달걀을 많이 낳고, 젖소는 우유를 더 많이 생산하는 등 가축에게는 그야말로 '방가방가'인 풀이다. 잎에 난 가시 같은 톱니가 방가지똥은 연하지만, 큰방가지똥은 손에 찔릴 정도로 억세다.

애기똥풀은 쥐똥나무, 큰개불알꽃, 며느리밑씻개, 중대가리나무 등과 함께 개명이 필요한 식물로 거론된다. 하지만 애기똥풀은 괜찮지 않을까? 애기똥풀에서 아기 똥을 바라보는 엄마의 몰래 주는 사랑이 느껴지는 것은 아빠의 착각이 아닌 듯하다.

버블 탄 튤립

튤립

튤립은 가을에 심고 봄에 꽃을 피우는 알뿌리식물이다. 알뿌리는 식물의 성장에 필요한 양분을 저장하는 기관으로, 식물체의 잎과 줄기, 뿌리 일부가 알뿌리로 발달한다. 양파는 잎, 감자는 줄기, 고구마는 뿌리가 알뿌리로 변형된 식물이다. 튤립 하면 원예의 나라 네덜란드를 떠올리지만, 튀르키예의 국화이기도 하다. 이름도 꽃이 무슬림이 햇빛에서 머리를 보호하기 위해 둘러 감는 터번을 닮은 데서 유래한다.

튤립은 인간의 원초적 욕망을 자극한 꽃이다. 16세기 말, 세계 금융의 중심지로 떠오른 네덜란드 암스테르담에 막대한 자금이 흘러들었다. 1609년 세계 최초로 증권거래소가 설립됐고, 실물 상품과 주식, 외환, 대출 사업 등으로 자본이 넘쳐났다. 당시 선풍적인 인기를 끈 튤립이 자본을 유혹했다.

그러나 튤립은 씨앗에서 꽃을 피우려면 여러 해가 걸리기 때문에 수요를 따라잡을 수 없었다. 게다가 다른 백합과 식물과 교배로 특이한 무늬가 있는 변종의 인기가 폭발적이었다. 어떤 꽃이 필지 모르는 알뿌리의 불확실성이 투자 심리를 부추기면서 값이 천정부지로 치솟았다. 희귀한 튤립을 소유하는 게 부의 상징이었다. 개인뿐만 아니라 당시 세계경제를 주름잡은 네덜란드 동인도회사[13]까지 투기에 나섰다. 희귀종 튤립의 알뿌리는 집 한 채와 맞바꿀 정도로 비싼 값에 거래됐다.

거침없이 부풀어 오르던 버블은 1637년 마침내 터지고 말았다. 사람들이 차익 실현을 위해 매물을 쏟아내기 시작하면서 '꽃은 꽃일 뿐'이라고 생각하는 순간, 금보다 귀한 대접을 받던 튤립은 '골칫덩어리 풀'로 전락했다. 세계 최초의 버블 경제, 튤립 버블이다. 유럽은 경제공황에 빠졌고, 세계경제의 주도

13 17세기 초 영국, 프랑스, 네덜란드 등이 자국에서 아시아 무역을 독점하기 위해 동인도에 세운 무역회사의 통칭. 이들에게는 사법과 치안, 외교, 군사행동권이 있었다. 일본은 이를 모방해 조선과 무역을 독점하는 동양척식주식회사를 세웠다.

백합나무 꽃

권이 네덜란드에서 영국으로 넘어갔다.

50년 뒤 물리학 서적 《프린키피아Philosophiae naturalis principia mathematica》(1687년)로 유럽 지식인 사회에 일대 파장을 일으킨 뉴턴은 위기에 빠진 영국이 재정을 살리고자 설립한 남해회사South Sea Company[14] 주식에 투자했다. 초기에 큰 수익을 낸 그는 주식이 다시 오르자 더 투자했으나, '남해 버블'이 터지면서 큰

14 1711년 아프리카의 노예를 에스파냐령 서인도제도에 수송하기 위해 영국에서 설립한 회사. 이후 금융회사로 변신한다.

손해를 봤다. “천체의 움직임은 계산할 수 있어도, 인간의 광기는 측정할 수 없다.” 뉴턴이 남긴 명언이다.

언젠가 터질 수밖에 없는 운명을 타고난 버블은 미래의 불확실성과 함께 팽창한다. 지금도 인간의 마음에 내재된 욕망은 부동산과 주식, 코인이라는 버블과 함께 팽창한다. 버블이 터지는 순간은 ‘폭탄 돌리기’처럼 아무도 알 수 없다. 터진 뒤에야 그럴듯한 분석이 난무한다. ‘광기의 역사’는 되풀이된다.

교정의 백합나무에 꽃이 피었다. 이름과 달리 꽃은 튤립과 비슷해서 ‘튤립나무’로도 불린다. 속명 *Liriodendron*은 Lirion(백합)과 dendron(나무)의 합성어이며, 종소명 *tulipifera*는 ‘튤립이 핀’이라는 뜻이다. 성장이 빨라 건축재나 펄프재로 쓰이며, 공해와 추위에 강해 가로수로 많이 심는다. 꽃은 커다란 나무에서만 피기 때문에 눈을 들어 하늘을 바라보는 사람에게 그 모습을 드러낸다. 백합나무가 내려다보이는 옥상으로 향한다.

피의 꽃, 한련

한련 꽃

삼색제비꽃처럼 알록달록한 꽃이 화단에 가득하다. 가느다란 잎자루와 방패 모양 잎이 해를 향하고 있다. 잎이 연잎을 닮아서 '마른 땅에 사는 연', 한련旱蓮이다. 꽃비빔밥에 쓰인다기에 꽃잎 하나를 베어 문다. 톡 쏘는 매운맛이다. 내친김에 그 옆의 베고니아와 삼색제비꽃도 맛본다. 새콤달콤하다.

한련은 1572년 잉카를 정복한 에스파냐가 발견한 보물이다. 15~17세기 대항해시대에 선원들을 죽음의 공포로 몰아넣은 괴혈병에 한련 씨앗이 효과가 있었기 때문이다. 영국인은 '잉카에서 건너온 피의 꽃'이라 불렀다. 괴혈병은 인체의 세포나 조직을 유지하는 콜라겐 합성에 필요한 비타민 C 부족으로 생기며, 내출혈과 함께 사망에 이르기도 했다. 아프리카 희망봉을 발견한 바스쿠 다가마 원정대의 절반 이상, 세계 일주에 성공한 마젤란 함대의 230명 가운데 208명이 괴혈병으로 사망했다.

1747년 해군 군의관 제임스 린드는 괴혈병에 걸린 선원 열두 명을 두 명씩 여섯 조로 나누고, 세계 최초로 통제된 임상시험을 했다. 이들에게 일상적인 음식 외에 조별로 사과주, 황산염, 식초, 바닷물, 매운 죽과 보리차, 오렌지와 레몬을 제공했다. 오렌지와 레몬을 처방받은 두 환자가 완치됐으나, 사람들은 괴혈병이 그토록 쉽게 치료된다는 사실을 믿지 않았다.

그럼에도 차츰 오렌지와 값싼 라임을 사용하기 시작했다. 린드의 처방에 따른 쿠크 선장의 남태평양 원정에서는 괴혈병에 걸린 사람이 한 명도 없었다. 1850년대 캘리포니아는 골드러시로 많은 사람이 모여들면서 채소와 과일이 부족해 괴혈병 환자가 폭증하자, 오렌지 재배 붐이 일었다. 이때 탄생한 것이 '썬키스트'의 원조 'Sun Kissed(태양의 입맞춤)'다. 그러나 '세균이 모든 질환의 원인'이라는 파스퇴르의 주장에 따라 괴혈병의 원인도 병원균일 것으로 생각했다.

한련초 꽃

한련초 까만 즙

1906년 프레더릭 홉킨스는 음식물에는 부족하면 특정 질병을 일으키는 미량 물질이 있다는 사실을, 크리스티안 에이크만은 현미가 각기병[15]을 치료한다는 사실을 각각 밝혀냈다. 1912년 풍크는 각기병의 원인이 백미 섭취에 따른 비타민 B_1(티아민) 결핍임을 밝혀내고, 생명(vita) 유지에 필요한 질소화

15 다리 각(脚), 기운 기(氣)를 쓰는 각기병에 걸리면 다리 근육이 약해지면서 잘 걷지 못한다.

합물(amine)이라는 의미에서 비타민vitamine이라 불렀다. 그리고 센트죄르지가 괴혈병이 비타민 C 결핍에 기인한 것을 밝혀냈다. 비타민 C의 화학명 아스코르브산ascorbic acid도 '괴혈병을 막는 산'이라는 뜻이다. 비타민은 호르몬과 달리 대부분 인체에서 합성되지 않기 때문에 음식물로 섭취해야 한다.

비타민 C가 다시 세상의 주목을 받은 계기는 노벨 화학상과 노벨 평화상을 받은 폴링이 《비타민 C와 감기Vitamin C and the Common Cold》(1970년)를 출간하면서다. 그는 비타민 C가 감기와 암에 특효라는 주장을 펴 격렬한 논쟁을 촉발했다. 비타민 C를 날마다 복용하면 무병장수한다던 그는 94세에 전립샘암으로 사망했다. '레모나'[16]를 한입에 털어 넣을 때마다 새콤한 맛과 함께 한련이 떠오른다.

잔디밭에서 개망초와 비슷한 한련초旱蓮草를 만났다. 자그마한 꽃이 연밥(연꽃의 열매)을 닮은 데서 유래한 이름이다. 줄기를 꺾으면 나오는 까만 즙은 머리카락을 물들이는 염색약으로 썼다. 한련초는 오래 먹으면 뼈와 근육이 튼튼해지고 몸이 날아갈 듯 가벼워진다는 풀이다. 정말 그럴까?

16 레모나 2그램에는 비타민 C 500밀리그램과 비타민 B_2(리보플래빈) 등이 있다. 레모나 복용 후 노란 소변이 나오는 것은 비타민 B_2의 색에 따른 것이다.

'여우야 여우야 뭐 하니', 개구리밥

개구리밥

연못이 개구리밥으로 뒤덮였다. 바람 부는 대로 이리저리 떠밀리는 개구리밥은 한자어로 부평초浮萍草다. 바람 따라 구름 따라 떠도는 삶을 '부평초 같은 인생'이라 하는 이유다. 풀이름은 개구리가 물 위로 나올 때 입가에 붙은 풀이 개구리가 먹는 밥알처럼 보인 데서 유래한다. 그러나 개구리는 육식성이라 풀을 먹지 않는다. 영어로는 '오리풀(duckweed)'이다.

개구리밥은 수면 위 엽상체에서 물에 내린 뿌리로 양분을 흡수하는 엽상식물[17]이다. 늦가을에 모체에 생긴 겨울눈이 떨어져 바닥에 가라앉았다가 봄이 되면 물 위로 떠올라 번식한다. 개구리밥은 하루 만에 두 배로 늘어난다. 이는 유전자가 뿌리를 깊게 내리거나 해충에게서 방어하는 전략 대신 오로지 빨리 성장하는 방향으로 진화한 결과라고 밝혀졌다.[18]

어린 시절에 형과 함께 대나무 낚싯대를 어깨에 걸치고 저수지로 갔다. 돌 위에 앉은 개구리가 눈을 껌뻑인다. 그 앞으로 밥알 뭉치를 매단 낚시를 파리인 양 살랑살랑 움직인다. 개구리가 날름 삼킨다. 우리는? 돌멩이로 개구리 몸통은 떼어내고 껍질 벗긴 통통한 다리를 연탄불에 구웠다. 지금은 상상조차 할 수 없지만, 당시 '여우야 여우야 뭐 하니' 놀이의 반찬이 개구리였다. 쥐포처럼 말린 개구리를 팔러 다니는 봇짐 행상이 있던 시절의 일상이다.

개구리밥은 단백질과 지방 함량이 많아 사료나 비료로도 쓴다. 수질을 정화하며, 인이나 질소로 광합성을 해 논이나 연못의 부영양화[19]를 줄인다. 최근에는 녹말을 만드는 바이오연료와 단백질 공급원으로도 연구한다.

17 녹조류처럼 전체가 잎 모양으로 생겨 뿌리, 줄기, 잎의 구별이 없는 식물.

18 Todd P. Michael, *Genome Research*, 2021(31), pp. 225~238.

19 화학비료나 오수 등으로 영양분이 과잉 공급돼 식물의 급속한 성장이나 소멸을 유발하고, 조류가 대량 번식해 하천의 용존산소를 줄여 생물이 죽는 현상.

개구리갓 엽서

강원평화교육심포지엄에 참여했다. 박노자 교수의 기조 강연 '한반도 평화 시대와 통일 교육의 방향'에 이은 토론 시간, 한 패널이 핵심에서 벗어난 논지로 횡설수설한다. 팸플릿을 뒤적이다가 그 안에 있는 엽서에서 개구리갓을 발견했다. 오, 마이 갓! 잎이 갓을 닮았다는 개구리갓은 제주도의 오름이나 습지에 자생하는 산림청 지정 보호종으로, 만나기는 어렵다.

대신 연못이나 습지에는 개구리자리가 흔하다. 꽃잎에 개구리가 앉은 것 같다고 하지만, 그보다 툭 튀어나온 꽃술이 껌뻑이는 개구리 눈을 닮았다. 다른 미나리아재비과 식물처럼 독

개구리자리 꽃

성이 있다. 청개구리가 노란 꽃잎 속에 들어앉아 있는 것처럼 보이는 꽃은 얼핏 보기에도 독초다. 제주에서 서울로, 프랑스로, 대전으로, 다시 서울로 떠밀려 온 부평초 같은 인생이 개구리밥을 만났다.

아이리스, 붓꽃

붓꽃

붓꽃은 꽃봉오리가 먹을 잔뜩 머금은 붓과 닮은 데서 유래한 이름이다. 붓꽃속의 영어명 아이리스iris는 그리스신화에 나오는 무지개 여신 이리스에서 비롯하며, 다양한 색 화합물을 형성하는 이리듐Ir의 어원이다.

이리듐은 어원과 달리 미터법의 기준으로 쓰일 정도로 무게와 길이가 안정된 원소다. 미터법은 미터와 리터, 킬로그램을 기본 단위로 하는 십진법을 사용한 도량형으로, 야드파운드법을 쓰는 미국과 영국을 제외한 대다수 나라에서 채택하고 있다.

도량형은 중요하다. 중국 최초로 천하를 제패한 진시황도 가장 먼저 도량형을 통일했다. 그 중요성은 암행어사가 임금에게서 받은 봉서(어사 발령장), 사목(직무 규정), 마패(역졸과 역마 사용 권한), 유척에도 잘 나타난다. 유척은 세금 징수에 쓰는 자나 되, 형벌 도구의 두께나 너비, 악기에서 음의 기준이 되는 눈금 등을 측정하는 도구다. 《춘향전》에서 이몽룡이 변학도를 처벌한 것도 유척으로 찾아낸 결정적인 증거 때문에 가능했으리라.

도량형은 기준이 다르면 재앙을 초래한다. 나사NASA가 화성 탐사를 위해 1998년 화성기후궤도선MCO을 발사했다. 이때 로켓을 제조한 록히드마틴은 추진력을 미터법으로 설계했고, NASA는 파운드 단위로 계산했다. 이 때문에 연료가 과다 주입됐고, 286일을 날아 화성에 도달한 궤도선은 계획한 궤도보다 안쪽으로 진입하면서 대기와 마찰을 견디지 못하고 타버렸다.

이리듐이 유명해진 계기는 공룡 멸종에 대한 '소행성 충돌설'

꽃창포

노랑꽃창포

이다. 물리학자 루이스 앨버레즈는 1980년, 지질학자인 아들 월터 앨버레즈와 함께 퇴적층을 조사하다가 주로 지구 내부에서 발견되는 이리듐의 함량이 높은 층을 발견했다. 이는 거대한 운석이 충돌하며 생긴 분진이 퇴적된 것으로, 운석의 지름은 약 10킬로미터로 추정한다. 그 위력은 핵폭탄 수십만 개와 같아, 이것으로 소행성 충돌설을 주장했다. 그 흔적은 어디 있

각시붓꽃

등심붓꽃

을까? 1990년 NASA는 과학위성으로 멕시코 유카탄반도에서 지름 180킬로미터에 달하는 충돌의 흔적을 찾았다. 이리듐은 공룡 멸종의 미스터리를 푼 원소다.

난처럼 가늘고 기다란 잎이 칼을 닮은 붓꽃은 용감한 기사를 상징한다. 붓꽃은 '기사도의 나라' 프랑스의 국화로, 각종 휘장이나 표상에 사용된다. 붓꽃과 비슷한 꽃창포도 있다. 붓꽃은

부채붓꽃

독일붓꽃

호랑이 가죽의 얼룩무늬처럼 화려하지만, 꽃창포는 노란 역삼각형 무늬가 선명하다. 모양이나 무늬가 붓꽃과 비슷한 노랑꽃창포는 꽃잎이 노랗다.

교정에서 새색시처럼 아름답고 작은 각시붓꽃(애기붓꽃)을 만났다. 각시는 '작다' '아름답다' '여리고 수줍다'는 뜻이다. 제주에서는 꽃술 한가운데(화심花心)가 등황색인 등심붓꽃을, 올

타래붓꽃

림픽공원에서는 잎이 넓고 편평한 부채를 닮은 부채붓꽃을 만났다. 부천자연생태공원에서는 색상이 화려하고 꽃잎이 풍성한 독일붓꽃과 잎이 실타래처럼 꼬여 자란다는 타래붓꽃도 봤다. 그야말로 아이리스에 어울리는 변화무쌍한 붓꽃이다.

솔로몬의 둥굴레와 욥의 율무

둥굴레 꽃

둥굴레 열매

활처럼 휜 가느다란 줄기에 하얀 꽃이 대롱대롱 매달렸다. 꽃은 대개 하늘을 향해 꽃잎을 열지만, 둥굴레는 부끄러운 듯 고개를 숙였다. 게다가 꽃잎 끝이 연녹색이다. 까만 열매는 구슬처럼 굵고 단단해 보인다.

둥굴레는 뿌리줄기에 굴레 모양 마디가 많아서 붙은 이름이다. 잎은 옥잠화와 비슷하지만, 뿌리줄기가 확연히 다르다.

'배고픔을 구하는 풀'이라 하여 구궁초救窮草로도 불린 구황식물이며, 어디서나 흔하다. 말린 뿌리줄기를 볶아서 만든 둥굴레차는 구수한 향과 단맛이 나서 메밀차, 녹차와 함께 우리나라 사람들이 즐긴다.

둥굴레는 영어로 '솔로몬의 인장(Solomon's seal)'이다. 솔로몬의 반지에는 원 안에 두 삼각형이 위아래로 겹친 헥사그램[20]이 새겨졌다. 잎이 떨어지고 줄기에 남은 잎자국이 솔로몬의 인장과 닮은 데서 유래했다고 한다. 왜 하필 둥굴레일까?

유대교에서 헥사그램은 6세기의 《탈무드》에 처음 나온다. 《탈무드》에 따르면 솔로몬은 헥사그램으로 귀신을 쫓고 천사를 소환했다. 그 후 헥사그램은 '솔로몬의 인장' 혹은 '다윗의 별'로 알려졌으며, 귀신을 쫓는 부적으로 사용됐다. 헥사그램이 유대인의 상징이 된 결정적인 계기는 나치의 핍박이다. 나치는 2차 세계대전(1939~1945년) 당시 유대인을 게토ghetto에 몰아넣고 옷에 다윗의 별 모양 표식을 달게 했다. 전쟁이 끝나고 다윗의 별은 고난과 순교의 상징이 됐으며, 이스라엘 국기에도 있다.

둥굴레가 솔로몬의 인장인 것도 신기한데, 율무는 영어로 '욥의 눈물(Job's tear)'이다. '죠리퐁'과 비슷한 율무 이삭이 눈물을 흘리는 것처럼 보여, 성경에서 고난과 인내를 상징하는 욥의 이름을 붙인 것이다.

20 유대교 신비주의 종파인 카발라에 따르면, 석류 꼭지 모양에서 유래한다고도 한다.

율무 이삭

율무 씨

율무는 벼과의 한해살이풀이다. 예전에는 율무 씨로 죽을 쑤어 먹었으나, 요즘은 차로 많이 마신다. 율무차 하면 포만감이 떠오른다. 자판기에도 고급커피와 일반커피 옆에 코코아와 율무차 버튼이 있었다. 이때 선택은 짜장면과 짬뽕을 고르기만큼 어려웠다. 따뜻한 율무차는 순간의 허기를 면하는 최상의 선택이었다. 그러나 직장인은 자판기 율무차에서 욥이 아니라 상사의 호통에 남몰래 흘리는 '직장인의 눈물(job's tear)'을 떠올렸을 것이다.

율무 씨는 밥에 넣으면 씹는 맛이 옥수수와 비슷하다. 율무

둥굴레 꽃잎 안의 헥사그램

씨가 정력을 떨어뜨린다는 속설은 근거 없지만, 자궁 수축을 유발해 임산부에게는 좋지 않다.

구수한 둥굴레차는 솔로몬의 영광이요, 포만감을 주는 율무차는 욥의 눈물이다. 솔로몬의 인장이 둥굴레의 잎자국에서 유래했다면 어딘가에 그 사진이 있을 듯한데 찾을 수 없다. 며칠 뒤 둥굴레의 고개 숙인 꽃잎을 들췄다. 아! 솔로몬의 인장, 헥사그램이 그 안에 있었다. 잎자국이 아니라 위아래로 겹쳐진 삼각형 꽃잎에서 유래한 것이었다. 그야말로 유레카다.

천국과 겨자씨 그리고 오 마이 갓

갓

갓 하면 갓김치다. 특히 여수 명물 돌산 갓김치는 아삭아삭하고 톡 쏘는 맛으로 유명하다. 쌈 채소 중에서 쌉싸름한 맛이 나는 자주색 채소가 갓이다. 배추김치와 달리 겨자[21] 맛이 강한 갓김치는 사람에 따라 호불호가 갈린다. 향신료로 쓰이는 서양 겨자(mustard)는 갓의 씨앗을 갈아서 물에 풀어 발효한 것이다. 갓 자체를 겨자로, 갓의 씨앗 겨자를 겨자씨라고 부르기도 한다.

초밥을 먹으면 코끝이 찡하고 눈물이 핑 도는 연녹색 와사비와 어떻게 다를까? 와사비도 십자화과에 들지만, 굵은 뿌리를 갈아서 만든 일본의 대표적인 향신료다. 고추의 캡사이신이 혀의 통증을 인지하는 신경세포를 활성화해서 나는 매운맛이라면, 와사비나 겨자는 시니그린 성분이 효소와 반응하면서 생긴 휘발성 물질이 코를 자극하는 매운맛이다. 와사비를 국어 순화 차원에서 고추냉이로 불렀으나, 우리나라의 고추냉이와는 품종이 다르다. 국가표준식물목록에는 와사비를 고추냉이로, 우리나라의 고추냉이는 참고추냉이로 분류한다.

깨알만 한 갓 씨앗은 여러 비유에 쓰였다. 불교에서 '영원한 시간'을 나타내는 겁劫은 가로와 세로, 높이가 모두 15킬로미터인 성을 갓의 씨앗으로 채운 뒤 100년에 한 알씩 모두 꺼낼 때까지 걸리는 시간이라고도 한다. 겨자씨가 1세제곱밀리미터 입방체라면, 겁의 기준이 되는 15세제곱킬로미터 성에는 과연 겨자씨가 얼마나 있을까? 직업병이다.

21 갓의 한자가 개(介), 씨앗은 개자(介子)인 데서 유래한다.

유채 씨

성의 부피 = $15km^3 = 2.25 \times 10^{15}cm^3 = 2.25 \times 10^{15}ml$

겨자의 부피 = $1mm^3 = 10^{-3}cm^3 = 10^{-3}ml$

겨자의 수 = 성의 부피/겨자의 부피 =

$(2.25 \times 10^{15}ml)/10^{-3}ml = 2.25 \times 10^{18} =$ 225경

겁은 약 225경 개나 되는 겨자씨를 100년에 한 알씩 모두 꺼내는 데 걸리는 시간이다. 겁나게 길다.

성경에서는 천국을 겨자씨에 비유한다. "천국은 마치 사람이 자기 밭에 갖다 심은 겨자씨 한 알 같으니 이는 모든 씨보다 작은 것이로되 자란 후에는 풀보다 커서 나무가 되매 공중의 새들이 와서 그 가지에 깃들이느니라"(〈마태복음〉 13장 31~32절).

여기서 겨자는 갓과 비슷한 흑겨자로 추정된다. 그런데 왜 나무라 했을까? 흑겨자는 새들이 숨고 앉을 정도로 굵고 단단한 가지를 내지만, 느티나무처럼 큰 나무는 아니다. 늦봄 제주에서 말라버린 유채 줄기는 나무처럼 단단했다. 이리저리 살피는데, 공중의 새들이 깃들 수 있다는 것을 증명하듯 그 안에서 참새들이 푸드덕 날아오른다.

배추김치와 갓김치를 담갔다. 수육에 얹은 배추김치와 갓김치의 상큼하고 톡 쏘는 맛이 일품이다. 딸에게 갓김치를 맛보라고 하니 배추김치를 집어 든다. "아니, 그거 말고 갓김치." "그래, 이거 갓 담근 김치 아냐?" 아들은 갓김치에서 겨자 맛이 난다고 한다. 갓 씨앗을 갈아서 만든 것이 겨자라 하니, "진짜야?" 묻는다.

피자마자 할미꽃

할미꽃

봄에 피는 꽃 중에 할미꽃처럼 애잔한 꽃이 있을까? '머리가 하얀 노인'이라고 백두옹白頭翁, '늙은 시어머니 풀'이라고 노고초老姑草로도 부르는 할미꽃은 꽃대가 꼬부라지고 꽃이 지면 할머니가 산발한 머리를 닮은 데서 유래한 이름이다. 뿌리에는 독이 있어 사약의 재료로 쓰기도 했다. 할미꽃의 슬픈 사연은 국어 교과서에 실렸다.

홀어머니가 세 딸을 시집보냈다. 세월이 흘러 꼬부랑 노인이 된 어머니는 딸이 보고 싶어 부자로 사는 맏딸과 둘째 딸네 갔으나, 눈치가 보여서 되짚어 나왔다. 가난한 막내딸을 찾아 나선 어머니는 눈 쌓인 고갯길에서 초가집이 보이자 목청껏 딸을 부르다가 기진맥진해 쓰러지고 말았다. 막내딸이 어머니를 발견했을 때는 숨진 뒤였다. 봄에 찾은 무덤가에 자줏빛 꽃이 허리를 구부린 채 피어 있었다.

할미꽃은 자식과 부모의 어긋난 마음을 나타낸다. 실제로 할미꽃은 양지바른 곳과 잔디밭에서도 잘 자라는데, 그중 하나가 무덤가다. 할미꽃이 처음부터 슬픈 꽃은 아니었다. 《삼국사기》(1145년)에 실린 설총의 〈화왕계花王戒〉에서 장미는 간신, 할미꽃은 충신에 비유했다. '화왕을 타이른다'는 〈화왕계〉는 사물을 의인화해 꾸며낸(假) 일대기(傳)를 쓰는 가전체 문학의 시원으로, 고려 말에 유행한 우리나라 최초의 콩트다.

어느 날 신문왕이 설총에게 재미있는 이야기를 청한다. 이에 설총은 "옛날에 꽃나라 임금(花王) 모란이 처음 왔을 때입니다"라며 시작한다. 화왕은 붉고 화려한 장미를 가까이 두려

할미꽃 열매

한다. 그때 흰머리에 삼베옷을 두른 백두옹이 "군자는 명주실과 삼실처럼 귀한 것도 좋지만, 왕골과 띠처럼 천한 것도 버리지 않고 모자람에 대비해야 합니다. 맹자가 성인이었는데도 그 뜻을 펴지 못한 것은 간사하고 아첨하는 자를 멀리하고 정직한 자를 가까이하는 임금이 드물었기 때문입니다"라고 충언했다. 화왕은 "내가 잘못했다"며 백두옹을 곁에 둔다.

설총은 원효대사의 아들이다. 무애자재無礙自在(무엇에도 방해받지 않고 걸림이 없이 자유롭게 존재한다)의 경지에 오른 원효지만, 요석 공주 앞에선 범부일 뿐이었을까? 그는 "누가 자루 없는 도끼를 주겠는가. 내가 하늘을 떠받칠 기둥을 깎겠노라"는 노래를 퍼뜨리고 다닌다. 《삼국유사》에 따르면, 이 노래를 들은 무열왕은 과부(자루 없는 도끼) 요석 공주를 통해 하늘을 떠받칠 인재를 낳겠다는 뜻으로 알고 그를 부른다. 월성(신라 왕궁)으로 들어가는 다리에서 원효는 일부러 물에 빠졌고, 무열왕은 그를 요석 공주에게 보낸다. 그리고 속세의 연으로 설총을 낳았다. 퇴계 이황과 기생 두향의 매화 로맨스에 못지않은 원효와 요석 공주의 도끼 없는 자루(몰가부沒柯斧) 로맨스다.

설총은 신라십현으로 꼽히는 유학자가 됐다. 원효는 불교의 난해한 교리를 '아미타께 귀의한다'는 나무아미타불[22]만 열심히 외워도 극락정토에 이를 수 있다는 아미타 신앙으로 불교의 대중화에 공헌하고, 설총은 유교 경전을 백성에게 널리 알리기 위해 한자에 우리말 음운을 단 이두를 집대성한다. 부자가 백성을 떠받치는 대들보가 된 셈이다.

피자마자 할머니가 된 할미꽃이다. 그런데 왜 설총은 할미꽃으로 군자의 도를 논했을까? 그에게도 할미꽃은 화려한 장미와 달리 머리가 하얀 노인으로 보였으니, 예나 지금이나 꽃을 바라보는 눈은 같다. 그 할미꽃 덕에 오랜 세월을 거슬러 원효와 설총을 만난다.

22 나무아미타불 관세음보살은 '인간의 내세에 대한 두려움과 현세의 어려움을 구제한다'는 뜻으로, 관세음보살은 의상대사가 덧붙인 것이다.

메밀꽃 필 무렵

메밀

메밀꽃을 보면 이효석의 단편소설 〈메밀꽃 필 무렵〉(1936년)이 떠오른다. "산허리는 온통 메밀밭이어서 피기 시작한 꽃이 소금을 뿌린 듯이 흐뭇한 달빛에 숨이 막힐 지경이다." 허 생원 일행이 달밤에 봉평장으로 가는 길을 묘사한, 한국문학에 길이 남을 아름다운 문장이다.

메밀은 '메(산)에서 나는 밀'이라는 뜻이다. 씹히는 맛이 거칠어 밀보다 싼 곡물이었지만, 한국전쟁(1950~1953년) 후 미국에서 밀가루를 대량 수입하면서 상대적으로 귀한 몸이 됐다. 파종에서 수확까지 기간이 짧고, 강원도 산악 지대나 제주도의 척박한 땅에서도 잘 자란다. 원래 메밀가루는 흰색이지만, 도정[23]이 제대로 안 되던 시절에 껍질이 섞여 검게 보였다. 지금은 그렇게 보여야 진짜 메밀로 믿기 때문에 메밀가루를 볶거나 메밀을 통으로 갈아서 일부러 색깔이 나게 만든다.

소설과 달리 메밀[24]의 주산지는 전체 생산량의 30퍼센트를 차지하는 제주도다. 특히 메밀 반죽을 돼지기름에 얇게 부친 전에 무채와 콩나물을 넣고 돌돌 만 빙떡[25]은 명절과 경조사에 빠지지 않는 제주의 향토 음식이다. 몽골에서 전래한 메밀은 독성이 있어, 소화효소 디아스타아제가 풍부한 무를 넣고 빙

23 벼나 보리 같은 곡식의 낟알을 찧거나 쓿어 껍질을 벗기고 그 속에 있는 등겨를 벗기는 과정.

24 메밀국수는 메밀로 만든 국수 전반을 칭한다. 막국수나 평양냉면도 메밀국수의 일종으로, 원조 평양냉면은 면이 막국수처럼 찰기가 없어 잘 끊긴다.

25 '소를 넣고 말아서 지진 떡'이라는 뜻으로, 멍석떡이라고도 한다.

약모밀

떡을 만들었다. 냉메밀국수를 먹을 때 연한 간장에 무즙을 넣는 것도 같은 이치다.

빙떡은 전을 국자로 '빙빙 돌리면서 얇게 부친 떡'이라는 뜻이다. 명절에 오순도순 둘러앉아 빙떡을 부치는 가족에게 그 얘기를 하니, 웬 아재 개그냐며 믿지 않는다. '차갑게(氷) 먹거나 손님(賓)을 맞이하는 떡'에서 유래했다고도 한다. 강원도의 메밀전병은 무채 대신 김치를 소로 넣는다.

명절이면 빙떡을 소쿠리 가득 부쳤다. 그 많은 걸 누가 다 먹을까 싶지만, 손님치레하느라 부엌에 드나들며 심심풀이 땅콩처럼 집어 먹어 금세 사라진다. 어떤 맛일까? 처음 먹어보면 대부분 "이게 무슨 맛이야?"라고 한다. 그 맛이 빙떡의 맛이다. 토속 음식에는 '지역'이라는 공간적 필요조건에 맞는 재료와 '세월'이라는 시간적 충분조건이 양념처럼 버무려지기 때문이다.

서산 해미읍성에서 약모밀을 만났다. 잎이 메밀을 닮고, 약초로 쓰인 데서 유래한 이름이다. 잎과 줄기에서 생선 비린내가 난다고 어성초魚腥草로 더 유명하다. 탈모와 여드름 치료에 효과가 있으며, 벌레를 쫓는 천연 살충제로도 쓴다. 그저 메밀이라는 이름에 친구를 만난 듯 반갑다.

독일과 프랑스의 수레국화

수레국화

연중 꽃이 가장 많이 피는 시기는 늦봄부터 초여름에 걸친 5~6월이다. 길가와 비탈은 들꽃으로, 공원은 각종 원예용 꽃으로 물든다. 꽃을 만나기 위해 허브천문공원에 갔다.

초등학교 운동장만 한 공원이 허브로 가득하다. 베르가모트, 세이지, 로즈메리, 디기탈리스, 라벤더, 레몬타임, 램스이어, 차이브…. 이들 사이에서 개양귀비와 파란 수레국화가 단연 돋보인다. 수레국화는 꽃이 수레바퀴를 닮은 데서 유래한 이름이다. 늦봄부터 가을까지 꽃이 피며, 옥수수 같은 곡식을 키우는 밭고랑에서도 잘 자라기 때문에 영어로 '옥수수꽃(cornflower)'이다.

수레국화는 풀에서 나라꽃으로 신분이 수직 상승했다. 프로이센이 나폴레옹의 프랑스군에게 공격받았을 때다. 피란길에 오른 루이제 왕후는 왕자들과 호밀밭에 숨었다. 왕후가 수레국화로 화관을 만들어 겁에 질린 왕자들에게 씌워주며 말했다. "너희는 용맹한 프로이센의 왕자다. 언젠가 이 땅에서 적을 몰아내고 강한 나라를 이룩해야 한다."

뒷날 왕위에 오른 빌헬름 1세는 철혈재상 비스마르크를 등용해 독일을 통일했다. 그는 덴마크, 오스트리아, 프랑스와 전쟁을 치러 승리한 뒤, 1871년 프랑스 베르사유궁전에서 독일제국의 황제에 올랐으며, 수레국화를 황실 문장과 나라꽃으로 삼았다.

역사는 되풀이된다. 빌헬름 1세의 손자 빌헬름 2세가 일으킨 1차 세계대전(1914~1918년)에서 독일은 패전했다. 600만여 명이 참전해 200만 명이 넘는 사상자를 낸 영국을 비롯한 영연방 국가는 종전일(11월 11일)을 현충일로 추념한다. 시민들은 이날을 포피 데이Poppy Day라 부르고, 가슴에 양귀비 배지를 단다. 이는 군의관으로 참전한 캐나다의 존 매크레 중령이 전사한 친구 알렉시스 헬머 중위를 떠올리며 쓴 추모시 '플랑드르 들판에서'(1915년)의 구절을 따 양귀비꽃을 추모의 상징으로 사용하자는 캠페인에서 유래한다.

캐나다에서는 11월 11일 11시에 2분간 묵념한 뒤 이 시를 낭송한다. 그런데 프랑스는 당시 파란 군복을 입고 참전한 군인을 레 블뤠Les Bleus라 부르고, 전쟁 중 많은 사람에게 희망을 준 수레국화(Fleurs de France, Les Bleuets)를 독일에 여봐란듯이 현충일의 상징으로 삼았다. 수레국화는 프랑스와 치른 전쟁에서 승리한 독일의 국화이자, 1차 세계대전에서 독일을 물리친 프랑스의 상징이 된 셈이다.

우리나라는 어떨까? 6월 동작동 국립서울현충원 곳곳에 국화 꽃다발이 놓인다. 조선 시대에는 향을 피우며 고인의 명복을 빌었으나, 강화도조약(1876년) 이후 서구 문화가 들어오면서 하얀 국화와 검은 상복이 장례 문화로 자리 잡았다.

그런데 장례식장 입구에 들어설 때마다 고민이다. 국화는 어느 방향으로 놔야 할까? 국민장 장의 매뉴얼에는 고인이 향기를 맡을 수 있도록 '국화를 영정 쪽으로 놓는다'고 명시됐다. 고인이 국화를 받기 좋게 줄기를 영정 쪽으로 놔야 한다는 반론도 있다. 일본은 후자가 관례다. 정답은 없다. 앞사람을 따라 한다. 아무것도 놓이지 않았다면? 소신껏 두면 된다.

비아그라와 삼지구엽초

삼지구엽초

튤립이 만발한 서울숲에서 꽃을 피운 삼지구엽초三枝九葉草를 만났다. 남자의 힘을 샘솟게 하며 여성의 갱년기를 물리친다는 삼지구엽초는 가지가 세 개로 갈라지고 가지마다 잎이 세 장 달린 데서 유래한 이름이다.

명나라 때 백과사전 《삼재도회》(1607년)에 따르면, 삼지구엽초는 하루에 100마리도 넘는 암양과 교미하는 숫양이 기진맥

진해 쓰러질 듯하다가도 산에 올라가 이를 먹으면 곧바로 원기가 회복된다는 풀이다. 이를 본 노인이 삼지구엽초를 먹고 아들까지 낳았다고 한다. 한자어로는 '음란한 양이 먹는 콩잎 같은 풀', 음양곽淫羊藿이다. 노인이 짚고 있던 지팡이를 버릴 정도로 원기가 왕성해져서 방장초放杖草로도 불린다.

《동의보감》(1613년)에 "음양곽은 양기가 모자라 일어나지 못하는 남자, 음기가 부족하여 불임인 여자, 망령 든 노인, 건망증과 음위증이 있는 중년에게 좋다"는 기록이 있다. 이와 같은 효과로 무분별하게 채취되면서 음양곽은 멸종 위기 식물이 되고 말았다.

발기부전 치료제 '비아그라'는 중대한 발견이나 발명이 우연히 이뤄지는 세렌디피티serendipity의 행운이다. 협심증[26] 치료제로 개발한 '실데나필'이 임상 시험 중에 음경의 발기가 지속되는 부작용이 나타났다. 제약 회사 화이자는 방향을 틀었다. 발상의 전환이다.

비아그라의 역사는 노벨의 협심증으로 거슬러 올라간다. 그는 충격에 약한 니트로글리세린을 규조토에 흡수시켜 안전한 다이너마이트를 발명했다. 특이하게 그의 공장에서 일하는 협심증 환자들은 주로 일요일에 발작이 일어났다. 주중에는 공장에서 무의식적으로 흡입한 니트로글리세린이 심장의 관상

26 심장에 혈액을 공급하는 관상동맥이 좁아져서 혈액 공급 부족으로 나타나는 가슴 통증.

동맥을 넓혀 발작을 가라앉힌 것이다. 그러나 협심증을 앓던 노벨은 니트로글리세린이 두통을 일으키는 부작용 때문에 의사의 처방을 따르지 않았고, 63세에 사망했다.

80여 년 뒤, 루이스 이그내로 교수는 노벨의 일화에서 니트로글리세린의 작용 메커니즘에 대한 학생의 질문을 받고 연구를 시작했다. 이에 니트로글리세린 대사 과정에서 생긴 일산화질소가 혈관을 확장하는 것을 발견했고, 제약 회사들은 즉시 혈관 확장 신약 개발에 나섰다. 그중에 실데나필의 부작용이 비아그라 개발(1998년)로 이어졌다.

비아그라는 어떻게 작용할까? 성적 자극으로 생긴 일산화질소가 음경 혈관을 확장하는 cGMP 효소의 작용을 촉진한다. 곧바로 이를 분해하는 효소가 생겨 원래대로 돌아가는데, 비아그라가 이 과정을 차단하면서 발기가 지속된다. 화이자는 20세기 최고 발명품으로 꼽히는 비아그라 덕분에 세계 제일의 제약 회사로 우뚝 섰다. 비아그라는 정력에 좋다는 이유로 멸종위기에 처한 바다표범과 순록의 생명을 구하는 약이기도 했다.

일산화질소 관련 발견으로 1998년 노벨 생리학·의학상을 받은 이그내로 교수는 64세에 마라톤을 시작했다. 심장박동수를 증진하는 유산소운동이 일산화질소를 유발하는 천연 비아그라임을 깨달았기 때문이다. 삼지구엽초에서 자동차 배기가스로 산성비를 만드는 독성 물질인 줄만 알던 일산화질소를 새롭게 발견했다.

화학자 홍 교수의
식물 탐구 생활
여름

양귀비보다 아름다운 개양귀비

개양귀비

여름의 시작을 알리는 6월, 남양주 물의정원에서 바람결에 나풀거리는 선홍빛 개양귀비와 황금빛 캘리포니아양귀비를 만났다. 아편 성분이 없다는 개양귀비는 양귀비보다 예뻐서 '꽃양귀비'라고도 한다. 마약류 단속 대상인 양귀비는 줄기가 매끈한데, 개양귀비는 잔털로 덮였다.

캘리포니아양귀비

양귀비 열매

아편阿片, opium은 덜 익은 양귀비 열매에 상처를 내서 나오는 하얀 유액을 말려서 만든다. 아편은 모르핀[1] 성분을 약 10퍼센트 함유해 마취와 진통, 해열에 효과가 있지만, 중독되면 금단 현상을 보인다. 모르핀과 무수초산을 반응시켜서 만든 헤로인은 지용성이다. 뇌에 빠르게 녹아들어 진통 효과가 좋다고 '모

1 그리스신화에 나오는 꿈의 신 모르페우스(Morpheus)에서 유래한다.

든 약의 영웅'이라 불렸으나, 중독성이 강해서 사용이 금지됐다.

개양귀비는 우미인초虞美人草라고도 한다. 항우가 유방에게 쫓겨 사면초가에 몰리자, 그의 부담을 덜어주기 위해 우미인이 자결한 무덤가에 피어났다는 전설 때문이다. 우미인은《삼국지연의》(1522년)의 초선 대신 중국의 4대 미인으로 불리기도 한다. 모네는 개양귀비를 즐겨 그렸다. '아르장퇴유의 양귀비 들판'(1873년)은 '인상, 해돋이'(1872년)와 함께 인상주의 대표작이다.

무엇보다 양귀비는 세계 역사의 수레바퀴를 동양에서 서양으로 옮긴 주인공이다. 1800년대 청나라는 차와 도자기 등을 영국에 수출하고 면직물을 수입했다. 영국인은 차츰 홍차의 맛에 빠져들었지만, 청나라에는 비단과 무명, 삼베 등이 넘쳐나 영국의 면직물이 잘 팔리지 않았다. 영국은 무역 적자가 늘어나자 식민지 인도에 면직물을 수출하고, 인도는 청나라에 아편을, 청나라는 아편 대금으로 영국에 차와 은을 지불하는 삼각무역을 꺼내 들었다. 중독성이 차와 비교할 수 없을 정도로 강한 아편이 퍼져 나가자, 도광제의 명을 받은 흠차대신 임칙서는 아편을 강력하게 단속하기 시작했다. 이에 영국은 자유무역을 주장하며 일으킨 1차 아편전쟁(1840~1842년)에서 이겨 청이 홍콩을 할양하고 문호를 개방하는 난징조약(1842년)을 체결했다.

그러나 자유무역으로 영국의 차 수입은 더 늘어갔다. 게다가 청나라도 양귀비를 재배하기 시작했다. 마침내 영국은 청나라가 해적선 애로호를 단속한 것을 빌미 삼아 프랑스와 함께 2차 아편전쟁(1856~1860년)을 일으켰다. 애로호는 선주가 영국인일 뿐, 선원은 모두 청나라 사람이었다. 전쟁에 승리한 영국은 베이징조약(1860년)을 체결했다. 두 차례 아편전쟁에서 패한 청나라는 '잠자는 호랑이'라는 신비로운 이미지에서 '종이호랑이' 신세로 전락하고 말았다. 서양 세력이 물밀 듯이 들어오는 서세동점西勢東漸[2] 시대가 본격적으로 시작됐다.

아편전쟁은 조선과 일본에도 큰 영향을 미쳤다. 일본은 네덜란드와 교류하며 청나라의 몰락을 목격했다. 이에 메이지유신(1868~1871년)[3]으로 서양 문물을 신속히 받아들여 20~30년 만에 근대화를 이룩하고, 청일전쟁(1894~1895년)과 러일전쟁(1904~1905년)에 승리하면서 제국주의의 깃발을 올렸다. 그러나 청나라의 정보에만 의존한 흥선대원군은 전국에 척화비를 세우고 쇄국정책으로 나라의 빗장을 굳게 걸었다. 청나라와 함께 조선의 국운이 서서히 기울기 시작한 것이다.

2 조선 후기 서양 열강이 세력을 동쪽으로 점차 확장하는 국제 정세.

3 막부 체제를 해체하고 왕정복고를 통한 중앙 통일 권력 확립에 이르는 일본의 광범위한 변혁 과정.

6월의 하얀 꽃, 샤스타데이지

샤스타데이지

이 교수가 들판을 점령한 하얀 꽃을 보고 묻는다. "저 꽃이 뭐예요?" "글쎄… 노란 꽃은 큰금계국인데, 하얀 꽃은 샤스타데이지인가 구절초인가 아리송하네." 옆에서 박 교수가 거든다. "내가 다른 건 몰라도 딱 두 개 아는데, 저건 샤스타데이지예요."

꽃 모양이 꼭 닮은 샤스타데이지는 여름에, 구절초는 가을에 핀다. 따라서 6월에 핀 하얀 꽃은 묻지도 따지지도 말고 샤스

잉글리시데이지

벌개미취

타데이지다. 이름은 만년설로 뒤덮여 '흰 산'이라는 별칭이 있는 캘리포니아의 샤스타 산에서 유래한다. 데이지는 해가 뜨면 꽃을 피워 '낮의 눈(day's eye)'에서 온 이름이다.

데이지 하면 주로 잉글리시데이지를 가리키지만, 그 종류가 다양하다. 들국화인 벌개미취는 코리안데이지, 남아프리카 원산인 디모르포세카는 아프리칸데이지, 꽃대 끝에 노란 꽃이 한 송이씩 달리는 멀티콜옐로는 옐로데이지, 심지어 쑥갓도 크라운데이지다. 데이지와 비슷한 마거리트는 잎이 쑥처럼 갈라지며, '나무쑥갓'으로 불린다.

서양에서 마거리트와 데이지는 철수와 영희처럼 흔한 이름이다. 마거리트의 대명사가 '철의 여인' 마거릿 대처 총리라면, 데이지는 피츠 제럴드의 소설《위대한 개츠비》(1925년)의

디모르포세카

멀티콜옐로

주인공이다.

1차 세계대전 후, 미국이 세계의 중심축이 됐다. 자동차가 대중화하고, 재즈와 할리우드 영화 산업으로 자본주의와 소비문화가 절정에 다다랐다. 그러나 생산 자동화에 따른 공급과잉으로 대공황(1929~1939년)이 발생했다. 《위대한 개츠비》는 이 시기에 무너져가는 아메리칸드림을 배경으로 한 소설이다. 밀주 판매로 엄청난 부를 축적한 개츠비는 첫사랑 데이지를 찾지만, 결국 비참한 최후를 맞는다.

그런데 왜 '위대한 개츠비'일까? 물질에 집착하는 속물들과 달리 첫사랑을 지키려 한 순수성에서 그 이유를 찾기도 하지만, 밀주로 부를 쌓고 날마다 화려한 파티를 벌인 개츠비가 낯설다. 그의 장례식에 온 사람이 아버지와 올빼미 안경을 쓴 남자, 집사 몇 명뿐인 마지막 장면이 인상적이다.

쑥갓

마거리트

피츠제럴드의 또 다른 소설을 원작으로 만든 영화 〈벤자민 버튼의 시간은 거꾸로 간다〉(2008년)의 주인공도 데이지다. 백발노인으로 태어나 나이가 들수록 젊어지는 벤자민은 60대 외모가 된 열두 살 때 여섯 살 데이지를 보고 첫눈에 반한다. 두 사람은 이후 만남과 이별을 반복하다가 사랑에 빠진다. 진정한 친구란 무엇인지 묻는 〈드라이빙 미스 데이지〉(1990년)도 울림 있는 영화다.

큰금계국과 샤스타데이지가 물결처럼 출렁이는 초여름, 샤스타데이지에서 딱 두 개만 안다는 박 교수에게 확 데었다. 이듬해 봄에는 잎만 올라온 구절초를 보고 "쑥인가?" 했다가 "그게 무슨 쑥이에요. 구절초지"라는 타박에 아물던 상처가 덧나고 말았다.

냅둬라~ 그거 신경 쓰면 지칭개

개망초

망초

개망초와 망초, 엉겅퀴, 지칭개는 과수원에서 아무리 뽑아도 끈질기게 돋아나는 풀 4대 천왕이다. 특히 자생력이 강한 망초와 '달걀꽃'으로 불리는 개망초는 경술국치[4] 전후에 발견되

4 일제가 1910년(경술년) 8월 29일 우리나라 통치권을 빼앗고 식민지로 삼은 일. '국권피탈'의 전 용어.

봄망초

쥐꼬리망초

면서 '망국의 시기에 생겨난 풀'이라는 서글픈 이름이 붙었다. 망국의 한을 이들에게 화풀이라도 한 것일까? 농약을 뿌려도 죽지 않는 '망할 놈의 풀'이라고도 했다. 그나마 꽃이 예쁜 개망초와 달리, 망초는 꽃도 볼품없고 작은 씨앗이 푸석거린다.

개망초는 꽃이 여름과 가을 사이에 피는데, 봄망초는 봄에 핀다. 개망초 흰 꽃이 깔끔하게 다림질한 와이셔츠 같다면, 봄망초 꽃잎은 광목으로 누빈 천 같다. 꽃차례가 쥐 꼬리 모양을 닮은 쥐꼬리망초도 있다.

피를 엉기게 한다는 엉겅퀴가 이들보다 성가시다. 하지만

엉겅퀴

지느러미엉겅퀴

멕시코엉겅퀴

흰무늬엉겅퀴

스코틀랜드를 침략한 바이킹이 염탐하다가 엉겅퀴를 밟고 가시에 찔려 소리 지르는 바람에 병사들이 깨어 나라를 지켰고, 엉겅퀴는 스코틀랜드 국화가 됐다. 가시가 살갗을 파고들 정도로 억세다. 지혈과 간 해독 등 효과가 알려지면서 무분별한 채취로 점차 사라지고 있다. 기다란 줄기에 지느러미 같은 가

지칭개

조뱅이

시가 붙은 지느러미엉겅퀴, 불로화不老花라는 멕시코엉겅퀴, 간 기능 건강식품 밀크시슬의 원료로 쓰며 잎에 흰무늬가 선명한 흰무늬엉겅퀴(서양엉겅퀴)도 있다.

마지막 훼방꾼은 지칭개다. 일에 지친 농부들이 "그건 이름도 없어. 흔해 빠진 그거에 신경 쓰면 지칭께 냅둬라"에서, 혹은 잎과 뿌리를 짓이겨 상처에 바른 데서 유래한 이름이다. 지칭개는 가시가 없고 꽃 모양이 엉겅퀴나 조뱅이와 닮았다. 조뱅이는 작은 가시가 있어 '조방가시'에서 유래한 이름이다.

우체국 계단의 베고니아

장미베고니아

한여름으로 치닫는 7월, 피튜니아(화단나팔꽃), 삼색제비꽃, 베고니아(난장초, 단장화), 메리골드, 금잔화(금송화, 장춘화) 등이 화단을 채운다. 꽃이 오랫동안 피고, 척박한 곳에서도 잘 자라 도심 화단을 주름잡는 5대 길거리 꽃이다. 아들과 함께 집을 나서며 묻는다. “저 꽃 이름이 뭔지 아니?” “장미?” “아니, 베고니아. 저건 금잔화랑 메리골드야.” “알아야 하는 거야?”

금잔화

메리골드

화단에 많이 심는 베고니아는 사시사철 꽃을 피우는 사철베고니아(꽃베고니아), 이를 겹꽃으로 개량한 것이 장미베고니아니 장미라는 답도 일리는 있다. 베고니아는 프랑스 식물학자 샤를 플뤼미에가 아이티의 총독이자 식물학을 후원한 미셸 베공의 이름을 붙인 데서 유래한다.

베고니아 하면 국민 가수 조용필이 부른 노래 '서울 서울 서울'(1988년)을 흥얼거리게 된다. 햇살 가득한 우체국 계단에 앉아 어딘가에 엽서를 쓰는 그녀의 고운 손과 함께 베고니아를 떠올린다. 지금은 카톡이나 문자메시지로 소식을 주고받지

베고니아

만, 볼펜으로 눌러쓴 편지를 반듯하게 접어 학보 사이에 끼워 보낸 시절이 있었다. 그리고 학과 우편함을 수시로 들락거리며 답장을 기다렸다.

화단에는 '황금빛 술잔을 닮은 꽃', 금잔화金盞花도 있다. 꽃에 시력 보호에 좋은 항산화 물질 루테인과 제아잔틴 등이 많아서, 건강 기능 제품에 주로 쓰인다. 금잔화를 메리골드('마리아의 금색 꽃')라 부르기도 하는데, 둘은 다르다. 금잔화 잎은 새 깃처럼 하나지만, 메리골드는 쑥처럼 여러 갈래로 나뉜다.

출근길 차 안, 트럼페터를 꿈꾸는 아들이 트럼펫 곡을 카오디오에 연결한다. 익숙한 리듬이다. "아빠, 무슨 곡인지 알아?" "〈장학퀴즈〉 시그널 뮤직?" "아니, 하이든 '트럼펫 협주곡' 3악장."

교향곡의 아버지 하이든은 빈 궁정의 호른 연주자 안톤 바이딩거가 반음계의 곡을 자유롭게 연주할 수 있도록 고안한 트럼펫을 위한 '트럼펫 협주곡'(1796년)을 작곡했다. 트럼펫을 클래식의 반열에 올려놓은 가장 대중적인 곡이지만, 론도형식 팡파르처럼 화려한 3악장을 완벽하게 연주하기는 모든 트럼페터의 로망일 정도로 어렵다고 한다. 아빠를 위한 아들의 부연 설명이다.

같은 시공간에서 나는 조용필의 '서울 서울 서울'과 베고니아, 금잔화를 떠올리고, 아들은 하이든의 '트럼펫 협주곡'을 듣는다. 차창 너머로 동작우체국 시멘트 화단에 베고니아가 활짝 피었다.

석가모니의 염화와 가섭의 미소, 연

연꽃

왜 화학을 전공으로 선택했을까? 화학이라고 하면 세상에서 가장 가벼운 원소인 수소부터 핵폭탄의 원료 우라늄까지 주기율표의 복잡한 원소가 떠오른다. 철학으로 인생의 지혜와 성찰을, 역사로 깊은 지식을, 정치 · 경제로 세상과 자본의 흐름을 배우고, 문학으로 풍부한 감성을 얻는다. 생명과학이나 지구과학을 전공했다면 세상을 어떤 시각으로 바라봤을까?

석가모니가 영취산에서 설법하던 중 조용히 연꽃을 들어 보였다. 많은 제자 중에서 그 뜻을 깨달은 가섭이 미소 지었고, 이를 기뻐한 석가모니는 그에게 불교의 법통을 전수했다. 이처럼 마음에서 마음으로 깨달음을 전하는 것(이심전심以心傳心)이 염화미소拈華微笑다. 염화는 '꽃을 손에 든다'는 뜻이다. 석가모니가 전하고자 한 바와 가섭이 미소 띤 이유는 뭘까?

불교에서 연꽃은 크게 세 가지 의미가 있다. 첫째, 처염상정處染常淨이다. 진흙이 덮인 탁한 연못에서 피어나듯 세속에 물들지 않고 부처의 가르침으로 아름다운 꽃을 피운다는 뜻이다. 둘째, 꽃이 피는 동시에 그 안에 연자가 열리는 것은 꽃과 열매의 인과관계를 나타내는 화과동시花果同時를 의미한다. 셋째, 연꽃 봉오리는 부처 앞에 합장하고 경건한 모습으로 예불을 드리는 불자를 나타낸다.

한의학에서 연은 열매와 뿌리, 잎과 꽃잎, 꽃술까지 약재로 사용할 정도로 건강에 좋다. 물에 불린 연자를 갈아 찹쌀과 함께 쑨 연자죽은 대표적인 사찰 음식이다. 연근은 표고, 고사리, 죽순과 함께 사찰은 물론 우리 밥상에도 자주 오르는 찬거리다.

양평 세미원에서 화사한 수련을 만났다. 수련은 오전에 피었다가 오후에 꽃을 닫고 잔다 해서 잘 수睡에 연꽃 련蓮를 쓴다. 줄기가 기다랗고 꽃이 수면 위로 올라오는 연꽃과 달리,

수련

수련은 수면에 접하고 잎은 심장 모양처럼 한쪽이 살짝 갈라진다. 노란 꽃잎이 앙증맞은 노랑어리연꽃도 있다. 이른 아침에 피었다가 정오가 되면 지기 시작해서 보기가 쉽지 않은데, 서울숲에서 만났다. 고흐에게 해바라기가 있고 세잔에게 사과가 있었다면, 모네에게는 수련이 있었다. 그는 수련으로 인상주의 시대를 열고, 말년에 백내장으로 시력을 잃는 순간까지 열정적으로 화폭에 담았다.

노랑어리연꽃

불교의 핵심은 '윤회'다. 중생이 죽은 뒤 다시 태어나고 늙고 병들어 죽기를 몇 겁에 걸쳐 수레바퀴처럼 반복한다. 그리고 깨달아 해탈에 이르면 윤회의 고리를 끊고 부처가 된다. 화학도 윤회와 일맥상통하는 세계다. 자연의 원소가 흙에서 식물로, 동물과 사람을 경유해 다시 자연으로 이합집산을 반복한다. 윤회의 연꽃에서 화학을 전공한 이유를 깨닫는 걸까?

해어화라 불러주세요, 기생초

기생초

섭씨 35도를 오르내리는 한낮의 불볕더위에도 강변과 산기슭은 기생초와 큰금계국의 황금빛 물결로 출렁인다. 기생초는 꽃에 있는 무늬가 기생이 쓰고 다니던 대나무로 만든 모자(전모)를 닮아서 붙은 이름이다. 생물학적인 의미에서 '한쪽은 이익을 얻고 다른 쪽은 손해를 본다'는 기생寄生이 아니라, '잔치나 술자리에서 노래나 춤, 풍류로 흥을 돋우는 것을 직업으로 하는 여자'를 뜻하는 기생妓生이다.

기생에는 낭만과 퇴폐의 이미지가 공존한다. 궁중이나 관청에 속한 관기官妓는 가무와 기악, 시 · 서 · 화 교육을 받고 공적인 연회의 흥을 돋운 조선 시대의 만능 엔터테이너이자 지식인이었다. 그러나 19세기 말에 사회 기강이 무너지면서 매춘을 업으로 삼는 기생이 생겨났다. 일제강점기에는 공창제가 도입되면서 기예 중심의 기생 문화가 매춘 중심의 하급 문화로 전락했다. 기생의 퇴폐적 이미지는 이런 변화와 함께 사극이나 영화에서 부정적으로 그려진 영향에 기인한다.

자타가 공인하는 조선 최고의 기생은 황진이다. 명월이라는 기명으로 불린 그녀는 세종의 열일곱 번째 아들 영해군의 손자로 군자의 기품을 갖췄다는 벽계수를 시로 유혹했다. "청산리 벽계수야 수이 감을 자랑 마라 / 일도창해 하면 다시 오기 어려우니 / 명월이 만공산 하니 쉬어 간들 어떠리".

황진이의 유혹에 넘어가지 않을 자신이 있다고 호언장담하던 벽계수는 이 시 한 수에 무너졌다. 서유영의 야담집《금계필담》(1873년)에는 '청산리 벽계수야'를 듣던 벽계수가 말에서 떨어져 세상 사람들의 조롱거리가 되고 말았다고 한다. 허균의《성옹식소록》(1610년)에 따르면, 황진이는 깊은 산속에서 면벽 수도하여 생불로 존경받던 지족 선사마저 하룻밤 만에 파계 시켰다. 심지어 그는 새벽에 떠나버린 황진이를 황망히 찾아 나섰다.

큰금계국

금계국

황진이의 유혹에 흔들리지 않은 사람은 학문 연구와 후학 양성에 일생을 바친 화담花潭[5] 서경덕뿐이다. 송도에 황진이가 있다면, 부안에는 매창이 있다. 떠나간 임을 그리며 배꽃으로 내리는 비, '이화우梨花雨'를 지은 매창은 황진이, 신사임당, 허난설헌과 함께 조선 4대 여류 시인으로 꼽히는 기생이다. "이화우 흩날릴 제 울며 잡고 이별한 임 / 추풍낙엽에 저도 날 생각

5 서경덕이 사는 집 근처 '꽃 피는 연못'에서 유래한 호. '정답게 이야기하는 숲'이란 뜻을 담은 화담숲의 화담(和談)은 LG그룹 구본무 회장의 호다.

하는가 / 천 리에 외로운 꿈만 오락가락하노라".

예쁜 꽃이 피는데 왜 기생화가 아니라 기생초일까? 하물며 멸종 위기 야생 식물 Ⅱ급으로 높은 산지에서 자란다는 기생꽃도 있다. 이름에 '초'나 '풀' 혹은 '화'나 '꽃'을 사용하는 정해진 법칙은 없다. 부모가 갓난아기 이름을 짓고 의미를 부여하듯 그 상황에 맞게 정할 뿐이다. 기생이나 미인을 뜻하는 '말을 알아듣는 꽃', 해어화解語花[6]라 하면 어땠을까?

기생초와 비슷한 큰금계국은 꽃에 무늬가 없다. 꽃 색깔이 황금색 볏이 달린 금계金鷄를 닮아서 붙은 이름이다. 1988년 꽃길 조성 사업으로 국도변에 심은 뒤 왕성한 번식력으로 여름 들판을 점령하고 있다. 꽃 전체가 노란 큰금계국과 달리, 금계국은 기생초보다 작은 무늬가 있다. 보라매공원 화단에서 금계국을 만났다. '아, 드디어 금계국을!' 반가움에 연신 셔터를 누른다.

6 당나라 현종이 양귀비와 연못을 산책하다가 하얀 연꽃을 보고 "왼편에는 백련화요, 오른편에는 해어화로구나"라고 말한 데서 유래한다.

진리는 하나, 부처꽃과 예수 꽃

부처꽃

기다란 줄기 끝 잎겨드랑이에 홍자색으로 층층이 피는 꽃. 밭둑이나 연못처럼 습하고 햇빛이 잘 드는 곳에서 볼 수 있는 부처꽃이다. 어떤 불자가 장마에 물이 불어 백중[7]에 부처님께 공양할 연꽃을 구할 수 없자, 연못가에 핀 다른 꽃을 대신 공양한 데서 유래한 이름이다.

산스크리트어 붓다Buddha의 한자어 불체佛體에서 온 부처는 인생의 모든 업[8]과 생로병사의 번뇌를 끊고 '깨달은 자'라는 뜻이다. 누구나 깨달으면 부처가 될 수 있지만, 대개 석가모니를 가리킨다. 석가모니는 샤카무니Śākyamuni의 한자어로 '샤카족의 성자'라는 뜻이다. 불교계에서 석가는 동료나 아랫사람을 김가, 박가 등으로 부르는 것과 같다고 이의를 제기해 석가탄신일이 부처님오신날로 바뀌었다.

고타마 싯다르타는 지금의 네팔에 속하는 카필라 왕국의 왕자로 태어났다. 고타마가 성, 싯다르타가 이름이다. 세상 부러울 것 하나 없던 그는 어느 날 성문 밖에서 노인, 병자, 죽은 자, 수행자를 만난다. 늙고 병들고 죽는 고통으로 이뤄진 인간의 삶을 직면하고, 생로병사가 윤회하는 삶의 고통에서 벗어나기 위해 스물아홉에 출가했다. 그리고 서른다섯에 부다가야

7 효성이 지극한 비구니가 지옥에 떨어진 어머니의 영혼을 구하기 위해 온갖 곡식과 과일을 부처님께 공양했다는 절기. 이 무렵에 과일, 채소, 곡식이 많이 나와 100가지 씨앗을 갖췄다는 데서 유래한다.

8 불교에서 중생이 몸과 입, 생각으로 짓는 선악의 소행 혹은 전생의 소행으로 현세에 받는 응보를 가리킨다.

꽃기린

난

의 보리수 아래서 깨달음을 얻었다.

그렇다면 예수 꽃도 있을까? 우리말로 예수 꽃은 없지만, '꽃이 솟아오른 모양이 기린을 닮았다'는 꽃기린[9]이 영어로 크라이스트플랜츠Christ plants다. 날카로운 가시가 있어 가시면류관을 만들었다는 전승에서 유래한 이름이다. 꽃기린은 새 생

9 꽃기린 줄기나 잎에서 나오는 액은 독성이 있어, 열대지방 원주민이 사냥할 때 화살촉에 발랐다.

명이 부활하듯이 붉고 앙증맞은 꽃을 날마다 피운다. 기독교 신앙고백(사도신경)에 따르면, 나사렛예수는 동정녀 마리아에게서 태어난 성자 하나님이다. 예수는 광야에서 40일 동안 금식하면서 마귀의 물질적 · 정신적 · 영적인 세 가지 시험을 물리치고, 서른에 공생애[10]를 시작해 서른셋에 인류의 죄를 대신 지고 십자가에 달렸다.

혹시 공자 꽃도? 천하를 주유하며 왕도를 설파했으나 빈손으로 고향에 가던 공자는 아무도 없는 깊은 산속에서 그윽한 향기를 풍기는 난을 만났다. 이를 보고 군자란 모름지기 곤궁을 이유로 절개를 버리지 않음을 깨달았다. 이후 난은 '군자의 꽃'이 됐다. 중국에서는 교사절에 스승에게 난을 선물하는 풍습이 있다.

스물아홉에 출가해서 서른다섯에 생로병사가 윤회하는 인생의 업과 번뇌를 끊고 해탈에 이른 싯다르타, 서른에 공생애를 시작해서 서른셋에 인류의 모든 죄를 대속하고 십자가를 진 예수, 서른에 학문의 기초를 확립하고 쉰에 하늘의 명을 깨달은 공자. 부처꽃과 꽃기린 그리고 난은 인생의 깊은 성찰과 고행 끝에 삶의 의미를 깨달은 성인과 함께한 고귀한 꽃이다.

10 세례 요한에게 세례를 받고 십자가에서 처형될 때까지 3년 동안 인류를 위해 공적인 삶을 살았다는 기간.

얼굴에 바르는 화장품, 분꽃

분꽃

분꽃 씨앗은 말려서 그 속을 빻아 화장품 대신 사용했다. 봉숭아로 손톱을 발갛게 물들이고, 하얀 분꽃 가루로 분을 바르고, 명자나무 꽃처럼 붉은 연지를 찍었다. 분꽃도 씨 안에 있는 하얀 가루를 분粉[11]으로 바른 데서 유래한 이름이다. 그러나

11 원래 쌀〔米〕을 가루(分)로 만든 것이었으나, 분꽃 씨앗과 활석, 조개껍데기 등이 쓰였다.

분꽃 씨앗

분꽃 씨앗 속

분꽃 씨앗이나 활석[12] 가루 등은 피부에 잘 붙지 않아, 분을 바르고 잠시 지난 뒤 얼굴에 기름기가 돌게 해야 화장이 잘 받았다. 이를 개선한 것이 우리나라 최초의 화장품, '박가분'이다. 두산상회 창립자 박승직의 아내가 납을 식초로 처리한 뒤 열을 가해 생긴 '납꽃'을 조개껍데기, 칡, 쌀 등과 갈아서 만들었다.

박가분은 대박 상품이었다. 전국에서 방물장수[13]가 구름 떼처럼 몰려들었고, 날개 돋친 듯이 팔렸다. 당시 아내에게 박가분을 사주지 못하면 '루저'였다. 일제인 왜분, 중국제인 청분과

12 칼에 쉽게 긁힐 정도로 경도가 낮아 분필과 베이비파우더의 주원료로 쓰인다.

13 연지와 분, 머릿기름 같은 화장품, 거울과 빗, 비녀, 바느질 그릇, 패물 등 일상생활에 필요한 물건을 팔러 다니는 여자.

짝퉁인 '서가분'이나 '장가분'도 등장했다. 그러나 납꽃은 로마를 멸망으로 이끈 사파의 주원료인 아세트산납이다. 박가분을 많이 바른 기생들 얼굴빛이 푸르딩딩해지고 살은 곪기 시작했다. 정신착란으로 자살을 시도하는 일까지 생기니, 박가분은 결국 시장에서 퇴출됐다.

중일전쟁(1937년)과 태평양전쟁(1941년)이 발발하자, 보습에 필요한 글리세린이 부족해 화장품을 구하기 어려웠다. 화장품 용기마저 부족해 조금씩 덜어서 파는 분매가 유행했다. 특히 아코디언과 함께 북을 치며 크림을 파는 러시아 행상은 진풍경이었다. 곧이어 행상들은 너나 할 것 없이 북을 둥둥 치면서 관심을 끈 다음 "구리무"를 외쳤다. 화장품을 뜻하는 동동구리무의 유래다.

아침에 피었다가 저녁에 지는 나팔꽃과 달리, 분꽃은 아침에 꽃잎을 오므렸다가 4시쯤 다시 피어 영어로 '4시 꽃(four o'clock flower)'이다. 옛날에는 집안일하느라 정신없이 바쁜 어머니들에게 밥 짓는 시간을 알리는 '시계 꽃'이었다.

분꽃은 멘델의 완두콩과 함께 유전법칙의 확립에 이바지했다. 코렌스가 분꽃에서 대립유전자 사이의 우열 관계가 뚜렷하지 않을 때, 잡종 1대에 어버이의 중간 형질이 나타나는 중간유전(1903년)을 발견했기 때문이다. 분꽃의 빨간색 유전자형이 R, 흰색이 W라면, 잡종 1대의 유전자형 RW의 표현형은 이들의 중간인 분홍색을 띤다. 실제로 중간유전이 일반적으로 일어난다.

분꽃나무

제부도 탑재산 등성이를 넘다가 분꽃나무를 만났다. 긴 대롱 모양 꽃이 분꽃을 닮아서 혹은 '향긋한 분내가 나는 꽃나무'라는 뜻으로 붙은 이름이다. 주로 산기슭이나 해안의 산지에서 자란다. 보기 어려운 나무인데 운이 좋았다.

스물 청춘의 패랭이꽃

패랭이꽃

패랭이꽃은 패랭이를 뒤집어놓은 것 같은 꽃 모양에서 유래한 이름이다. 추위에 강하고, 건조한 곳의 바위나 돌 틈에서 잘 자라며, 줄기에 대나무 같은 마디가 있어서 석죽화石竹花로도 불린다. 영어로는 '무지개 핑크(rainbow pink 혹은 China pink)'다.

"어머니, 패랭이 어디 있수꽈?" 고향 집에서 가장 많이 찾는 것은 패랭이다. 챙이 넓은 패랭이는 과수원이나 산소 어디서든지 햇빛을 가리기에 제격이고, 치기 어린 청춘을 위한 해수욕장 패션의 종결자였다. 원래 패랭이는 댓개비를 엮어 만든 갓으로, 역졸이나 보부상이 사용했다. 역졸은 패랭이 겉을 까맣게 칠하고, 보부상은 패랭이에 목화송이를 달았다.

패랭이에 단 목화송이 두 개에는 전설이 있다. 고려 말 이성계 장군이 황산대첩(1380년)에서 다쳤을 때, 보부상이 목화솜으로 상처를 치료했다. 이후 패랭이 왼쪽에 목화송이를 달았다. 병자호란 때는 인조가 피신하면서 난 상처를 목화솜으로 치료했고, 패랭이 오른쪽에 목화송이를 달았다는 얘기다.

패랭이는 차츰 밀이나 보리 짚으로 짠 밀짚모자로 바뀌었다. 제주에서는 이를 '밀랑패랭이'라고 했다. '밀대(밀짚의 사투리)로 만들어 말랑말랑한 패랭이'라는 뜻이다. 군관이나 군졸은 돼지를 비롯한 짐승 털로 만든 벙거지(전립)를 썼다. 패랭이의 소박한 어감과 달리 벙거지가 어벙하게 들리는 것은 나만의 느낌일까?

박찬호 선수가 메이저리그에서 경기를 시작하기 전에 모자를 벗어 심판에게 인사해 화제가 된 적이 있다. 이는 거슬러

카네이션

지면패랭이꽃

올라가면 역졸이 양반에게 패랭이를 벗고 절한 것이 어른에게 인사하는 예절로 남은 것이다.

패랭이꽃은 다양한 품종으로 개량됐다. 장미, 국화, 튤립과 함께 세계 4대 절화[14]인 카네이션[15]은 꽃패랭이꽃이다. 일반 패랭이꽃보다 꽃잎이 크고 풍성하며, 톱니 모양 꽃잎 끝과 꽃받침은 패랭이꽃과 같다. 지면패랭이꽃은 잎이 잔디와 비슷한데

14 꽃을 가지째 꺾거나 그렇게 꺾은 꽃.

15 애나 자비스가 1907년 5월 둘째 주 일요일에 어머니에게 카네이션을 선물하면서 어버이날과 스승의날에 카네이션을 달아드리는 전통이 생겼다.

술패랭이꽃

수염패랭이꽃

꽃은 패랭이꽃과 비슷해서 '꽃잔디'라고도 부른다. 잔디처럼 지면을 덮으며 자라지만, 꽃잎 끝에 톱니 모양이 없다.

흰 고무신에 밀랑패랭이 패션으로 대학가를 활보하던 청춘이 있었다. 가끔 튀는 복장으로 전경에게 불심검문을 받기도 했다. 단화에 나름대로 멋을 부린 패션으로 패랭이꽃을 보며 그날의 고무신과 밀랑패랭이를 떠올린다.

《연려실기술》과 명아주

명아주

오늘날 사극을 집필하거나 만드는 이들은 대부분 《조선왕조실록》과 《연려실기술》(1776~1806년)을 참고한다. 태조부터 현종 때까지 야사를 집대성한 《연려실기술》을 쓴 실학자 이긍익은 한으로 점철된 삶을 산 이광사의 아들이다.

조선의 독특한 동국진체東國眞體를 완성한 원교 이광사. 그가 열아홉이 되던 해, 노론의 지지를 업은 영조가 등극하면서 소론의 핵심이던 가문이 역적으로 몰렸다. 그는 출세를 포기하고 야인으로 지내며 글씨로 명성을 떨친다. 그러다 50세에 '형(경종)을 죽이고 왕이 된 역적'이라는 대자보가 객사에 걸리는 나주괘서의변에 연루돼 국문을 받는다. 그때 남편이 참형을 당한다는 소문에 아내는 처마에 목을 매고, 원교는 구사일생해 지금의 완도군에 속한 신지도에서 23년간 유배 끝에 한 많은 인생을 마감했다.

이긍익은 아버지의 귀양과 어머니의 자결로 여동생과 채소밭을 가꾸며 생계를 이어야 했다. 그가 《연려실기술》을 쓴 것은 역사에 해박한 아버지 원교의 영향이다. 이광사가 단군부터 고려 말까지 건국신화와 국난 극복 일화를 소재로 지은 '동국악부' 30편이 《해동악부》[16]에 실렸을 정도다.

역사를 서술하는 체제에는 역사적 사실을 연대순으로 기록하는 편년체(《조선왕조실록》), 인물 중심으로 기록하는 기전

16 조선 후기 우리나라 역사를 소재로 쓴 악부시를 엮은 책. 악부시란 인정이나 풍속을 읊은 것으로 글귀에 장단이 있는 한시의 한 종류다.

체(《사기》〔기원전 91년〕와 《삼국사기》), 특정 사건을 중심으로 원인과 과정, 결과를 기록하는 기사본말체(《삼국유사》와 《연려실기술》)가 있다.

역사에 대한 이긍익의 관점은 '서술하되 창작하지 않는다'는 술이부작述而不作이다. 또 승자의 일방적인 기록이 아니라 양쪽의 의견을 함께 담고자 했다. 예를 들어 광해군이 세자가 되는 일화는 《공사견문록》[17]에서 인용한 것처럼 객관성을 위해 400여 사료의 출처를 일일이 밝혔다. 인조반정(1623년)도 《조선왕조실록》에서는 인조가 출생부터 범상치 않았다며 그야말로 용비어천가를 불렀지만, 《연려실기술》에는 단지 반정에 참여한 것으로 기록했다.

연려는 한나라 유향이라는 학자가 옛글을 교정할 때 선인이 나타나 청려장에 불을 붙여(燃) 밝혀줘 대학자가 됐다는 고사에서 유래한다. 명아주는 한자로 여藜인데, 잎이 푸른색으로 돋아 청려靑藜다. 청려장靑藜杖은 명아주 지팡이[18]다. 연려실燃藜室은 밤에도 '명아주를 태워 불을 밝히며 글을 쓰는 방'으로 원교가 아들 이긍익에게 지어준 당호다.

명아주 래萊도 있다. 도교에서 신선이 살며 불로초가 있다는 삼신산은 봉래산, 방장산, 영주산이다. 우리나라에서 이 이름

17 조선 후기 문신 정재륜이 궁궐에 출입하면서 효종부터 경종까지 아름다운 말과 선행 등을 모은 야사.

18 《본초강목》(1596년)에 '청려장을 짚고 다니면 중풍에 걸리지 않는다'는 기록이 있으며, 민간에서는 눈이 밝아지고 신경통에 좋다며 애용했다.

을 본떠 금강산을 봉래산, 지리산을 방장산, 한라산을 영주산이라고도 한다. 봉래蓬萊는 쑥과 명아주로 장수의 상징이다. 봉래약수蓬萊弱水라는 말도 '신선이 사는 봉래산은 약수 너머에 있어 이를 수 없다'는 뜻이다. 약수는 기러기 털이 가라앉을 정도로 부력이 약해 사람이 건널 수 없는 강이기 때문이다.

풀이지만 크게 자란 명아주 줄기는 가볍고 단단해 지팡이 재료로 최고였다. 조선 시대에는 아비가 쉰 살이 되면 자식이 청려장을 바쳤는데, 이를 가장家杖이라 했다. 예순에 마을에서 선사하는 청려장은 향장鄕杖, 일흔에 나라에서 주는 청려장은 국장國杖, 여든에 왕이 하사하는 청려장은 조장朝杖이다. 지금도 노인의날(10월 2일)에 100세를 맞이한 어르신에게 대통령 명의의 청려장을 지방자치단체에서 전달한다.

사포닌과 비누풀

비누풀

상암동 평화의공원 곳곳에 작은 화단이 아기자기하다. 나무가 울창한 숲도 좋지만, 색다른 식물로 꾸민 공원도 그에 못지않다. 잎을 비비면 오이나 수박 냄새가 난다는 오이풀, 잎이 화살촉을 닮았고 논에서 아무리 뽑아도 뻗어 나간다는 벗풀, 뿌리나 잎을 잘라서 물에 비비면 비누[19]처럼 거품이 나는 비누풀(soapwort)…. 비누풀은 '거품장구채'라고도 하며, 물기가 많은 곳에서 잘 자란다.

비누풀은 어떻게 거품을 일으킬까? 그 비밀은 사포닌에 있다. 비누풀속(*Saponaria*) 식물에서 발견되는 배당체[20]를 총칭하는 사포닌은 물에 녹이면 비누처럼 거품을 내는 물질로, '비누'를 뜻하는 사포sapo에서 유래한다. 이처럼 비누풀에는 계면활성제와 같은 사포닌이 많다. 잎을 끓이면 거품이 일면서 나오는 액체를 걸러 천연 비누로 사용한다. 지금도 아랍에서는 세탁에 필요한 비누풀을 재배한다. 우리나라에서는 사포닌이 많은 콩이나 녹두 가루, 주엽나무 열매 등을 빨래할 때 썼다. 사포닌은 인삼, 더덕, 메밀, 도라지, 미나리, 마늘, 양파, 은행, 칡 등에도 많다.

계면활성제에는 물을 좋아하는 친수기와 기름을 좋아하는 친유기가 있어서 기름때를 잘 제거한다. 계면활성제가 성냥개비처럼 생겼다면, 친유기인 나무가 기름때에 달라붙어 친수기

19 '더러움을 날리다'를 뜻하는 비루(飛陋)에서 유래한다.

20 사포닌, 플라보노이드, 카로티노이드와 같은 유기화합물이 당과 결합한 물질.

오이풀 꽃

벗풀

와 같은 성냥골이 물에 녹여내는 원리다. 이 과정에서 기름에 흡착된 세균이 씻겨 전염병을 예방한다. 비누는 로마 시대에 사포Sapo 언덕에서 신에게 제사를 지낼 때, 짐승을 태워 생긴 기름과 섞인 재가 빨래에 쓰인 데서 유래한다. 지금은 재 대신 양잿물로 불리는 수산화나트륨을 반응시켜 만든다.

합성세제는 1차 세계대전 당시 독일이 비누용 기름을 폭약 제조에 사용하면서 비누의 원료가 부족해지자, 대용품으로 개발한 알킬벤젠술폰산나트륨ABS이 시초다. ABS는 세탁력이 좋고, 센물에서도 잘 풀린다. 그러나 기다란 사슬분자에 곁가지가 많아 미생물이 분해하는 데 오래 걸리고, 인산 성분이 있어 강물의 부영양화를 일으키는 등 환경문제를 유발해 점차 다른 물질로 대체되고 있다.

사포닌은 노화 방지, 면역력 강화, 항산화 작용, 피부 미용 등에 효과가 있다. 비누가 세탁물의 기름때를 제거하듯 체내 혈관에 축적된 콜레스테롤 수치를 낮추고, 과산화지질 생성을 억제해 동맥경화 같은 성인병을 예방한다. 막연히 몸에 좋다고 생각한 사포닌의 효능이다.

얼마 전부터 건강을 위해 홍삼 농축액을 생수에 타서 마신다. 그 과정에 생긴 거품을 일부러 걷어냈는데, 사포닌이 많다는 증거를 찝찝하게 생각한 셈이다. 어느 여름날, 토양의 산도에 따라 꽃 색깔이 변한다는 수국에 버금가는 그야말로 화학적인 비누풀을 '득템' 했다.

달 밝은 밤에 홀로 피는 달맞이꽃

달맞이꽃

달이 뜰 무렵에 피는 달맞이꽃은 길가나 빈터 어디서든 잘 자란다. 다른 꽃과 달리 낮에는 노란 꽃잎이 오므라들고 밤이면 활짝 피어, 월견초月見草 혹은 야화夜花라고도 한다. 영어로는

'밤에 피는 앵초(evening primrose)'다. 달맞이꽃은 빛을 감지하는 감광성과 열을 감지하는 감열성이 있어 낮에는 오므라들고 밤에 주로 피는 데서 유래한 이름이다. 꽃가루받이도 박각시나방 같은 야행성 곤충이 담당한다.

그리스신화에서 달맞이꽃은 달을 사랑한 님프의 환생이다. 님프가 어느 날 무심코 "별이 모두 없어지면 매일 달을 볼 수 있을 텐데"라고 말한다. 화가 난 제우스는 달빛이 비치지 않는 곳으로 님프를 쫓아버렸다. 달의 여신 아르테미스가 님프를 찾아 나섰으나 만날 수 없었고, 님프는 지쳐서 죽었다. 이를 본 제우스가 후회하며 님프를 달맞이꽃으로 환생하게 만들었고, 꽃은 달이 뜨는 밤이면 피어났다.

달맞이꽃은 인디언이 종기나 기침, 통증에 약으로 사용한 풀이다. 구한말에 널리 퍼진 개망초와 달리, 해방 무렵에 퍼지면서 해방초解放草라고도 했다. 그러나 밭일에 지친 농부에게 달맞이꽃은 해방이 아니라 일상의 구속이다. 하늘을 향해 쭉쭉 뻗어 올린 굵고 억센 줄기가 순식간에 밭을 점령하기 때문이다. 달맞이꽃을 보면 농부의 성가신 마음에 100퍼센트 공감이 간다.

어느 여름밤, 온 가족이 평상에 옹기종기 누워 하늘을 바라봤다. 보름달이 환한 밤이면 달의 바다[21]를 보며 방아 찧는 토끼와 계수나무를 떠올렸다. 하지만 달에는 우리가 상상하는 토

21 달에서 어둡게 보이는 부분은 운석이 충돌하며 용암이 흘러나와 굳은 것으로, 갈릴레이가 달의 고요한 바다로 생각해서 붙인 이름이다.

큰달맞이꽃

분홍낮달맞이꽃

끼 말고도 많았다. 나라마다 상상의 세계가 달라 유럽에서는 집게발을 든 게, 아프리카와 페루에서는 두꺼비, 에스파냐에서는 돈키호테의 애마 로시난테와 산초 판사의 당나귀를 떠올렸다.

칠흑 같은 그믐밤이면 별똥별을 보며 소원을 빌었다. 별똥별은 대개 혜성의 꼬리에서 떨어져 나온 물질이 지구의 중력에 끌리며 대기와 마찰로 타는 현상이다. 무슨 소원을 빌까? 그 순간 별똥별은 어느새 은하수 깊은 바닷속으로 빠져

달맞이꽃 열매

들었다.

소박한 달맞이꽃과 달리 꽃잎이 크고 환한 큰달맞이꽃과 분홍낮달맞이꽃은 낮에도 꽃을 볼 수 있도록 개량한 원예종이다. 낮에 맞는 낮달맞이꽃도 낯설지만 해맞이꽃은 더 어울리지 않는다.

뙤약볕 아래 참나리

참나리

주홍색 참나리가 뙤약볕에 맞서 하늘을 향해 줄기를 비스듬히 뻗어 올렸다. 참나리가 활짝 피면 그야말로 한여름의 정점이다. 나리는 한자어로 백합百合이다. 백합 하면 흰 꽃을 떠올리지만, 여기서 백은 흰 백白이 아니라 일백 백百이다. 비늘줄기가 100개일 정도로 많은 알뿌리를 뜻한다. 실제로는 마늘 뿌리를 닮았다.

나리

털중나리

조선 시대 벼슬 가운데 정이품 이상 당상관은 대감, 종이품과 정삼품은 영감,[22] 그 아래는 미관말직인 종구품 참봉에 이르기까지 모두 나리라 불렀다. 키가 훤칠하고 꽃이 화려한데 왜 대감이나 영감보다 못한 나리라 했을까 싶다. 원래 나리는 군주에게 붙이는 호칭이었으나, 중국에서 폐하나 전하 같은 호칭이 건너오면서 지금처럼 변했다. 종친인 대군도 나리라고 불렀다.

나리가 영어로 릴리lily라고 하면 대부분 "아, 그래요?"라며

22 조선 시대에는 해마다 정월에 80세 이상 관원과 90세 이상 백성으로 명예직 벼슬을 받은 이를 영감이라고 불렀다. 그 뒤 나이 든 남편이나 어른을 높이는 의미로 바뀌었다.

하늘말나리

원추리

고개를 갸우뚱한다. 원래 아시아에 자생하던 나리가 네덜란드에서 원예종으로 개발하면서 릴리라 불렀고, 중국에서 백합으로 번역했다. 대개 자생종은 나리, 원예종은 릴리 혹은 백합이라 한다.

나리는 꽃 모양이 다양하다. 꽃이 땅을 보면 땅나리, 하늘을 보면 하늘나리, 고개를 숙여 중간을 보면 중나리다. 중나리 같은 줄기에 털이 있으면 털중나리, 아래 잎이 돌려나면서 중나리처럼 중간을 보면 말나리, 하늘을 보면 하늘말나리다. 잎이 솔잎을 닮은 솔나리도 있다. 이 가운데 으뜸인 참나리는 잎겨드랑이에 난 까만 콩 같은 살눈으로 영양번식 한다. 이름에 '참'이 들어간 식물이 대개 그렇듯 참나리도 식용 · 약용한다.

스텔라원추리

홑왕원추리

나리와 비슷한 원추리는 영어로 데이 릴리day lily다. '한 송이가 지면 다른 꽃이 계속 피어난다'는 뜻이다. 한자어 훤초에서 훤萱은 풀 초草와 베풀 선宣을 합해 '널리 베푸는 풀'이다. 원추리는 훤초가 변한 이름이라고도 한다. 그런데 무엇을 베풀까? 원추리는 나물로 먹지만, 콜히친이라는 독성 물질이 있어 반드시 데쳐서 요리해야 한다. 신경을 안정하고 시름을 잊게 해준다고 망우초忘憂草로도 불렀다. 근심을 잊게 하는 차로 선을 베푼다는 뜻일까? 원추리를 보면 근심이 사라진다는 의미도 있다. 봄부터 가을까지 피는 스텔라원추리, 짙은 주황색 꽃이 피는 홑왕원추리, 겹꽃이 피는 왕원추리도 있다.

장발과 옥잠화

옥잠화

도심 화단 곳곳에 하얀 옥잠화玉簪花가 길쭉한 꽃망울을 터뜨리고 있다. 꽃봉오리가 여인들이 머리에 꽂은 옥잠(옥비녀)을 닮은 데서 유래한 이름이다. 한여름에 비비추가 줄기 한쪽에 보라색 꽃을 가지런히 피워 올린다면, 옥잠화는 흰 꽃이 줄기를 빙 돌려 핀다. 비비추는 새싹이 살짝 뒤틀린 모습에서 '물체를 맞대어 문지른다'는 비비다에 '먹을 수 있는 나물'이라는 취를 붙인

비비추

이름이다. 습한 곳에 자생하며 도시에 적응한 토종 식물이다.

어느 시대나 헤어스타일은 일종의 신분증이었다. 특히 처녀 총각 시절 댕기[23] 머리에서 결혼하면 신랑은 상투를 틀고, 신부는 쪽 찐 머리가 풀리지 않도록 비녀를 꽂았다. '여자가 시집

23 처녀나 총각이 땋은 머리끝에 장식용으로 드리는 헝겊이나 끈. 장가나 시집갈 나이가 된 총각이나 처녀가 땋아 늘인 머리를 떠꺼머리라 한다.

을 가다'를 머리 올린다[24]고 하는 까닭이다. 비녀는 신분에 따라 옥이나 금, 은, 나무 등을 사용했으며, 비녀 머리에 새긴 장식에 따라 용잠, 봉잠, 석류잠, 모란잠, 국화잠 등으로 불렀다.

1970년대에 남학생은 짧은 스포츠, 여학생은 단발, 대학생은 장발, 아저씨는 2 대 8 가르마, 아줌마는 파마머리가 신분증이었다. 당시 군사 정권은 대학생의 사상과 활동을 통제하기 위해 장발과 미니스커트가 미풍양속을 해치는 퇴폐적 풍조라며 단속했다. 장발은 임시 이발소에서 바리캉으로 머리카락 한가운데를 밀어버리고, 끝자락이 무릎에서 17센티미터 이상 올라간 미니스커트를 입으면 경범죄로 처벌했다. 그래도 악착같이 머리를 기르고 미니스커트를 입었다. 유신 체제에 저항하는 작은 몸짓이자, 금지에 대한 이유 없는 반항이었다.

대학생 때 맞이한 첫 여름방학이었다. 서울역에서 밤 10시에 출발하는 완행열차를 타고 목포항에서 제주 카페리호로 다음 날 저녁 6시 집에 들어섰다. 어머니가 화들짝 놀란다. "누게?" "나 마씨~" 장발장[25]으로 변신한 아들을 몰라보신 것이다. 게다가 뽀송뽀송한 콧수염에 흰 고무신, 봄부터 입은 긴소매 티셔츠 차림으로 불쑥 나타났으니….

부레옥잠은 보라색 꽃에 노란 무늬가 마치 빈디bindi[26] 같다.

24 혹은 어린 기생이 정식 기생이 돼서 쪽을 찌는 것을 말한다.

25 장발을 가리키는 은어로도 쓰였다.

26 인도 여성의 이마 가운데 있는 붉은 점으로, 행운을 상징한다.

부레옥잠

물옥잠

번식력이 강해 순식간에 호수를 덮고, 햇빛을 가려서 수생식물의 광합성을 방해하며 수질을 오염하는 여러해살이풀이다. 열대지방에서는 제거 대상이지만, 우리나라에서는 추운 겨울을 날 수 없는 한해살이풀로 수질 정화에 사용한다. 윗부분은 깔때기 같고, 부레[27]처럼 부푼 잎자루에 공기가 차서 물에 뜬다.
강가나 연못에 서식하는 대표적인 수생식물이다. 연꽃이 지면 연잎 밑에 푸른빛을 띤 자주색 꽃이 핀 물옥잠이 가득하다. 잎이 옥잠화와 닮았고, 물에 살아서 물옥잠이다.

27 물고기가 물속에서 위아래로 움직일 때 사용하는 공기 주머니.

아침의 영광, 나팔꽃

메꽃

교대 사향문 근처 화단에 산철쭉과 소박한 연분홍 메꽃이 꽃잎을 열어 아침 햇살을 맞는다. 꽃은 나팔꽃과 비슷하지만, 잎이 심장 모양인 나팔꽃과 달리 메꽃은 길쭉한 로켓 모양이다. 메꽃과 나팔꽃은 동요 '햇볕은 쨍쨍'(1932년)과 '동네 한 바퀴'에서 수없이 불렀다.

"햇볕은 쨍쨍 모래알은 반짝 / 호미 들고 괭이 메고 / 뻗어

나팔꽃

가는 메를 캐어 / 엄마 아빠 모셔다가 맛있게도 냠냠". 최옥란 작사,[28] 홍난파 작곡 '햇볕은 쨍쨍'에서 메는 '먹이'의 옛말로 메꽃의 뿌리줄기를 뜻한다. 뿌리줄기에 녹말을 저장하기 때문에 구황식물이기도 한 메꽃은 메나 포기나누기로 번식하며, 열매를 맺지 않아 고자화鼓子花라고도 불렀다.

28 실제 작사가는 일제강점기 휘문고등보통학교에 재학한 궁창현으로 추정된다는 주장이 있다.

"(…) 아침 일찍 일어나 동네 한 바퀴 / 우리 보고 나팔꽃 인사합니다". '동네 한 바퀴'는 프랑스 동요 '수탉이 죽었다(Le coq est mort)'에 아동문학가 윤석중이 노랫말을 붙였다. 쌀 소비량을 줄이기 위해 혼 · 분식 장려 운동을 하던 1970년대에 '꽁당보리밥'으로 노랫말을 바꾸기도 했다. 꽁당보리밥은 꽁보리밥의 사투리로, '보리쌀로만 지은 밥'이다.

나팔꽃은 우리 동네에도 피어났다. 동요 '꽃밭에서'(1953년) 노랫말 "아빠가 매어놓은 새끼줄 따라 나팔꽃도 어울리게 피었습니다"처럼 아파트 화단의 나무를 휘감고 하늘을 향해 오른다. 나팔꽃과 반갑게 인사를 나누지만, 나무는 햇빛이 가려 고사하고 말았다. 아침에 피었다가 저녁에 지는 나팔꽃은 속절없는 사랑의 꽃이다. 그보다 짧은 사랑의 마지막 선물은 '립스틱 짙게 바르고'(1987년) 당신을 잊어주겠다는 것이다.

누군가의 기억에서 지워진다는 두려움은 사후에도 자신의 존재를 영원히 남기려는 원초적 욕망을 낳는다. 이집트 기자의 쿠푸왕 피라미드, 중국의 진시황릉은 물론 인류의 모든 의식과 예술이 그 산물이다. 그래도 남는 것은 나팔꽃처럼 사라지는 '아침의 영광(morning glory)'뿐이다.

견우자牽牛子라 부르는 나팔꽃 씨앗은 약효가 뛰어나 위장 질환이나 변비 등의 신약 개발에 사용했다. 한 농부가 나팔꽃 씨앗을 얻기 위해 집에서 기르던 소를 끌고 가 바꾼 데서 유래한 이름이라고 한다. 나팔꽃이 그렇게 귀했을까?

제주 바닷가에는 돌담 사이에 갯메꽃이 피었다. 갯메꽃은 바

갯메꽃

애기나팔꽃

닷바람에도 잘 견디는 염생식물이다. 잎이 기다란 메꽃과 달리, 바닷바람을 이겨낸 콩팥 모양 두꺼운 잎이 억세 보인다. 한낮 햇살이 동네를 떠날 즈음, 다시 동네 한 바퀴에 나섰다. 산철쭉에 가려 수줍게 핀 애기나팔꽃을 만났다. 잎이 나팔꽃처럼 심장 모양이다. 삼지창 모양 잎이 특이한 미국나팔꽃도 화단 밖으로 자기 존재를 알린다.

박주가리와 제왕나비의 먼 여행

박주가리 꽃

박주가리 씨앗

박주가리는 한여름에 이 나무 저 나무 뒤덮는 덩굴식물이다. 연분홍 꽃이 불가사리처럼 다섯 갈래로 갈라지고, 줄기를 자르면 독성이 있는 흰 유액이 나온다. 턱주가리, 대가리 등 비속어가 떠오르는 박주가리는 열매가 표주박처럼 쪼개진다는 '박쪼가리'에서 유래한 이름이다. 흰 명주실처럼 부드러운 갓털이 달린 박주가리 씨앗은 민들레처럼 바람을 타고 멀리멀리 날아간다. 꽃말도 '먼 여행'이다.

나비와 식물의 우정을 그린 《제왕나비와 박주가리》(2010년)에 나오듯, 박주가리는 세상에서 가장 경이로운 여행을 하는 제왕나비Monarch butterfly의 번식에 필요한 식물이다. 나비는 변온동물로 계절에 따라 휴면하거나 발생 시기를 조절하는 방식으로 기온에 적응한다. 그러나 캐나다와 미국에 서식하는 제왕나비는 겨울이면 따뜻한 멕시코 고산지대의 전나무 숲으로 4000킬로미터가 넘는 여행을 시작한다. 멕시코에 도착한 제왕나비들은 전나무에 다닥다닥 붙어 체온을 유지하고, 박주가리 꽃이 필 무렵 텍사스 남부로 날아와서 박주가리 잎에 알을 낳고 생을 마친다. 한 달 만에 애벌레에서 나비가 된 2세대는 중간 기착지에서 3세대를 낳고, 3세대는 다시 중간 기착지에서 4세대를 낳는데 이들이 캐나다와 미국에 이른다. 그리고 겨울이 오면 다시 멕시코로 여행을 시작한다. 그들은 강남 갔던 제비처럼 돌아오는 게 아니라 4세대를 거친 후손이 고향에 온다.

이 여행에서 박주가리는 애벌레의 중요한 먹이다. 애벌레는 박주가리 잎만 먹고 자라기 때문이다. 박주가리 유액에는 동물의 심장에 마비를 일으키는 독성 물질 카데놀라이드가 있지만, 제왕나비는 이에 대한 돌연변이 유전자가 있으며 체내에 축적된 카데놀라이드는 포식자에게서 자신을 지키는 무기다. 제왕나비는 천적이 없을까? 검은머리밀화부리도 카데놀라이드에 대한 돌연변이 유전자가 있어 제왕나비와 애벌레를 잡아먹는다. 코로나-19가 백신에 대응해 진화하듯이 포식자의 유전자도 먹이의 독성 물질에 대응하는 수렴 진화[29]가 일어난다.

제왕나비와 그 후손은 어떻게 한 번도 가본 적 없는 왕복 8000킬로미터 여정을 해마다 반복할까? 정확한 메커니즘은 미스터리다. 철새처럼 태양의 각도로 방향을 계산하거나, 생체 시계로 시간을 재고 지자기로 위치를 파악하는 것으로 추정할 따름이다.

29 진화 계통이 다른 동물이 환경에 적응하는 과정에서 비슷한 형태로 진화한 것.

된장잠자리

생명의 신비를 보여주는 제왕나비는 천적이 많지 않은데도 국제 멸종 위기종이다. 벌목과 산림 벌채에 따른 서식지 파괴와 기후변화로 제왕나비가 이주하는 시기가 달라지고, 유전자 조작 콩과 옥수수를 대규모로 재배하면서 제초제를 마구잡이로 살포해 박주가리가 줄어들기 때문이다.

우리나라에 제왕나비는 없지만, 영어로 '방랑하는 글라이더'를 뜻하는 된장잠자리(wandering glider)도 그에 못지않다. 4월 하순부터 눈에 띄는 개체는 동아프리카에서 인도양과 동남아시아를 거쳐 날아온 것으로 추정한다. 이들이 낳은 알이 여름에 대거 출현한다. 전 세계 된장잠자리도 세대를 교체하며 주기적으로 대양을 건너 이동하는 것으로 알려졌다. 제왕나비와 된장잠자리의 먼 여행. 존재하는 모든 생명은 경이 그 자체라는 평범한 진리를 박주가리가 새삼 일깨운다.

오메가-3 지방산의 보고, 쇠비름

쇠비름채송화

학교 근처 음식점 화분에 쇠비름채송화(포체리카)가 피었다. 잎과 줄기는 쇠비름을, 꽃은 채송화를 닮았다. 쇠비름은 쇠〔金〕나 소〔牛〕의 쇠와 '비린내 나는 나물'이라는 비름을 합친 이름이다. 비름보다 훨씬 잘 자라 농부에게는 골칫거리지만, 쇠비름을 먹으면 장수한다고 장명채長命菜 혹은 푸른 잎과 붉은 줄기, 노란 꽃, 흰 뿌리, 까만 씨가 있어서 오행초五行草라고도 한다.

수분이 많은 다육질 잎에는 오메가-3 지방산이 풍부해 심혈관계 질환에 좋고, 나물로 먹거나 효소액을 담근다. 오메가-3 지방산은 누구나 한번쯤 들어본 영양소다. 1960년대에 고지방식을 주식으로 하는 에스키모의 심혈관계 질환 발병률이 낮은 원인이 등 푸른 생선에 함유된 오메가-3 지방산의 효과로 알려졌다.

오메가ω는 '끝'을 뜻한다. 오메가-3는 기다란 탄화수소 사슬 끝에서 세 번째 탄소부터 이중결합이 시작된다는 의미다. 사람에게는 오메가-3 지방산을 합성하는 효소가 없어, 고등어와 참치 같은 등 푸른 생선으로 섭취해야 한다. 호두와 아몬드 같은 견과에도 세포막을 구성하는 오메가-3 지방산인 알파리놀렌산이 많은데, 쇠비름에 이들이 풍부하다.

지방산은 탄화수소 사슬 끝에 카복실기가 있는 분자다. 탄화수소 사슬의 모든 탄소가 단일결합이면 포화지방산, 이중결합이 있으면 불포화지방산이다. 구조가 규칙적인 포화지방산은 벽돌처럼 차곡차곡 쌓여 잘 녹지 않기 때문에 대개 고체 상태다. 오메가-3 지방산처럼 얼기설기 쌓인 구조가 불규칙한 불포화지방산은 액체 상태가 많다. 따라서 혈관 벽에 끈적끈적하게 달라붙어 심혈관계 질환을 일으키는 것은 주로 포화지방산이다.

쇠비름은 종기에 특효인 고약의 주성분이었다. 세균이나 항생제에 대한 개념이 없던 시절, 모낭에 생긴 염증이 커져서 결절이 생긴 종기는 지금으로 치면 암과 같이 무서운 질병이었다. 《조선, 종기와 사투를 벌이다》(2012년)에 따르면 조선 왕

쇠비름 꽃

꿩의비름 꽃

27명 가운데 문종과 세조, 정조를 비롯한 12명이 종기로 사망했다. 제주 사투리로 '허물'이라 하는 종기는 유난히 얼굴에 잘 생겼다. 기름종이에 싼 고약을 부드럽게 해서 종기에 붙이면 노란 농이 앉고, 이를 짜내면 차츰 상처가 아물었다. 가톨릭 신자 이명래가 프랑스 선교사에게서 전수한 본초학에 관한 지식에 민간요법을 결합해 만든 '이명래고약'은 1960년대까지 피부병 치료제의 대명사였다.

꿩의비름은 쇠비름과 달리 흰 바탕에 연분홍빛이 도는 작은

큰꿩의비름

큰꿩의비름 꽃

꽃이 별처럼 모여 핀다. 꿩이 사는 산지나 들판에 많고, 꽃이 비듬처럼 떨어진다고 해서 붙은 이름이다. 큰꿩의비름은 키가 크고, 자주색 꽃을 피운다. 꿩의비름과 큰꿩의비름의 비름은 '비듬'의 강원도 사투리다. 그런데 꿩의비름도 종기나 부스럼에 약효가 있다. 혹시 비름이 종기와 관련이 있는 것은 아닐까? 어린 꿩의비름 잎에 고인 물방울이 다이아몬드처럼 영롱하다.

라돈 매트리스와 자주달개비

닭의장풀 꽃

하늘색 꽃이 핀 닭의장풀이 기다란 꽃술을 늘어뜨렸다. 닭의장풀은 과학 교과서에서 세포나 기공을 관찰하는 풀이지만, 늘 그냥 지나쳤다. 그러던 내가 지금은 곳곳에서 혼잣말한다. "저건 무슨 꽃이지?" "아, 얘가 닭의장풀이군."

닭장 근처에서 잘 자라 붙은 이름으로, '달개비'라고도 한다. 왜 하필 닭장 근처일까? 닭의장풀이 습한 곳을 좋아하는데, 닭장 주변에는 대개 가정에서 버린 하수가 흐르는 도랑이 있었기 때문이다. 닭의장풀은 '장닭(수탉)을 닮은 풀'에서, 달개비는 '꽃이 수탉의 볏을 닮았다'는 닭의애비에서 유래했다고도 한다. 짧고 노란 수술 세 개는 곤충을 유인하는 헛수술이며, 기다란 수술 세 개에 꽃가루가 있다.

자주달개비는 자줏빛 꽃이 피고, 잎이 난초처럼 길게 자란다. 일부 개량종은 방사선에 노출되면 우성형질인 자주색이 손상돼 열성인 분홍색을 띤다. 더 많이 노출되면 우성과 열성이 모두 손상돼 무색을 띤다. 이런 특성 덕분에 방사선 지표식물[30]로도 쓰인다. 환경 단체는 1996년부터 원자력발전소가 있는 지역에 '자주달개비 보내기 운동'을 벌였다. 제브리나는 '자주색달개비' '얼룩자주달개비'로도 부른다.

원자력발전소와 거리가 멀다고 방사선에서 안전하진 않다.

30 특정 지역의 환경 상태를 측정하는 척도로 이용하는 생물. 우리나라는 화강암 지반이 많아 지하수에도 라돈 함량이 높다. 환경부가 조사한 바에 따르면, 미국 기준치를 초과한 약수터는 일곱 군데 중 한 곳이다.

자주달개비

제브리나

대표적인 방사성원소이자 1급 발암물질인 라돈이 침대 매트리스에서 검출돼 사회적 파장을 일으키기도 했다. 여기에는 '음이온이 건강에 좋다'는 사이비 과학이 있었다.

음이온은 대기가 자외선을 흡수하거나 레너드 효과로 자연 발생한다. 폭포수가 바닥에 부딪쳐 부서질 때, 큰 물방울이나 바닥에 고인 물은 양전하가 많은 상태가 되고 미세 물방울은 음전하를 띤다는 '레너드 효과'는 노벨 물리학상을 받은 필립 레너드가 발견했다. 폭포수 근처에서 마음이 편안함을 느끼는 이유로 제시됐다.

음이온 발생 장치의 플라스마 방전이나 모나자이트에 함유된 방사성원소인 토륨이 붕괴하면서 공기 중의 분자를 전리할 때도 일시적으로 발생한다. 이 과정에 라돈이 생긴다는 것은 잘 알려진 사실인데, 음이온을 발생시키기 위해 매트리스에 일반 광물보다 고농도 방사능을 내는 모나자이트를 넣은 것이다.

과학의 상품화는 오래전부터 있었다. 퀴리 부인이 방사성원소인 라듐을 발견했을 때도 "어둠 속에서 빛나는 그 빛을 쬐면 젊어진다"며 라듐 열풍이 불었다. 심지어 라듐 생수라는 '라디톨'을 판매하기도 했다. 당시에는 방사능의 위험을 몰랐지만, 지금은 알면서도 사이비 과학 마케팅이 성행한다.

'입에 쓴 약이 병에는 좋다'는 속담처럼, 고통이 없는 다이어트는 없다. 누워만 있어도, 차고만 있어도, 먹을 걸 다 먹어도 살이 빠지고 건강해진다는 말은 전형적인 사이비 과학이자 보이스 피싱이다. 농부가 여름에 흘린 땀이 풍작으로 결실을 거두듯이, 운동으로 지방을 태워서 생긴 이산화탄소가 거친 호흡으로 배출되고 고통스러운 땀방울이 뺨을 타고 흘러내릴 때 열량이 소모되고 살이 빠진다.

결초보은의 수크령

수크령

강아지풀보다 크고 갈대보다 작은 수크령[31]이 병을 씻는 솔처럼 생긴 고개를 빳빳이 치켜들었다. 어디서나 흔한 수크령이지만, 《춘추좌씨전》[32]에 전하는 결초보은結草報恩(죽어서도 은혜를 잊지 않고 반드시 갚는다)의 풀이다. 각골난망刻骨難忘(은혜를 뼈에 새겨 잊지 않는다)도 유래가 같다.

춘추시대 진晉나라 장수 위무자가 후처를 얻었다. 그는 전장에 나갈 때마다 두 아들에게 자신이 전사하면 새어머니를 친정으로 돌려보내 재혼할 수 있도록 하라고 했지만, 막상 병이 들어 정신이 혼미해지자 순장하라고 유언한다. 동생은 아버지 뜻에 따라 순장하자고 했지만, 형 위과는 아버지가 맑은 정신일 때 한 유언에 따라 새어머니를 친정으로 돌려보냈다.

훗날 진秦나라가 쳐들어와서 위과는 전쟁터에 나갔으나, 적의 용장 두회에게 밀려 퇴각했다. 그날 밤, 비몽사몽간에 한 노인이 귓전에 '청초파'라고 속삭이는 소리를 들었다. 잠이 깬 위과는 청초파로 진지를 옮겨 싸웠지만 전세가 불리했다. 그런데 아군을 유린하던 두회가 갑자기 풀에 걸려 말에서 떨어졌다. 위과는 잽싸게 그를 사로잡아 전쟁을 승리로 이끌었다. 다시 꿈에 나타난 노인은 자신이 새어머니의 아버지이며, 딸을 보내준 은혜를 갚기 위해 청초파에 풀을 미리 엮어뒀노라

31 강아지풀은 아래로 늘어지고, 수크령은 꼿꼿하다.

32 공자가 편찬한 것으로 전해지는 역사서 《춘추》의 주석서 중 하나. 기원전 700년경부터 약 250년의 역사를 다룬다.

그령

말하고 홀연히 사라진다.

이것이 수크령으로 엮은 올무,[33] 결초보은의 유래다. 그령은 올무를 '그러매다'에서 유래했고, '암크령'이나 '길잔디' 혹은 '바람을 아는 풀'이라 하여 지풍초知風草로도 부른다. 수크령은 '그령보다 억세다'는 의미의 숫그령에서 유래한다. 길가에 흔

33 칡이나 삼끈, 철사로 엮은 고리를 짐승이 잘 다니는 길에 놓아, 목이나 다리를 얽어 잡는 사냥 도구. 올가미라고도 한다.

해서 '길갱이', 이삭이 솟아오른 새라고 '머리새', 이리의 꼬리를 닮아 낭미초狼尾草라고도 한다.

그령이 결초보은의 풀이라고도 하지만, 수크령인들 그령인들 강아지풀인들 갈대인들 어떠리…. '원수는 물에 새기고, 은혜는 돌에 새긴다'는 말처럼 은혜를 잊지 않고 뼛속 깊이 아로새겼다는 사실이 다가온다. 잎줄기가 질기고 억센 그령은 꼬아서 새끼줄로도 사용했다.

수크령은 꽃차례가 시원한 물줄기를 뿜어내는 분수처럼 보여서 영어로 '분수초(fountain grass)'다. 그령은 영어로 '한국 사랑초(Korean Lovegrass)'다. 사랑초? 우리네 사랑은 입안에서 살살 녹는 솜사탕처럼 달콤한 게 아니라 꿩코('꿩을 잡는 올가미'를 뜻하는 제주 사투리)를 놓는 그령처럼 억세고도 질긴 인연일까? 사랑초(lovegrass)는 '에로스의 풀'이라는 뜻이 있는 속명 *Eragrostis*에서 유래한 이름이다.

여인 천하를 낳은 익모초

익모초

남성에게 활력을 주는 비수리(야관문)가 있다면, 여성에게는 익모초益母草(어미한테 이로운 약이 되는 풀)가 있다. 영어로도 '어머니풀(Chinese motherwort)'이다. 가문의 대를 잇는 것은 조선 시대 여성에게 주어진 숙명이었다. 아들을 낳지 못하면 칠거지악七去之惡[34]의 하나로 시댁에서 쫓겨나도 할 말이 없었다. 결혼이 인륜지대사라면, 아들을 낳아 대를 잇는 것은 가문과 자신의 운명을 건 천륜지대사였다.

중종의 둘째 계비 문정왕후는 딸만 셋 낳았다. 첫째 계비 장경왕후가 원자(인종)를 낳자마자 산후병으로 사망한 뒤 어느 날, 문정왕후가 봉선사에서 예불을 드리고 돌아가던 길에 소나기를 만났다. 비를 피할 곳을 찾다가 아들만 아홉을 둔 선비의 초가집을 발견한다. 문정왕후가 비법을 묻자, 그는 익모초를 봄부터 가을까지 즙으로, 겨울에는 차로 마셨다고 아뢴다.

이후 문정왕후도 아들을 낳았고, 중종의 후계 구도는 인종의 외숙 윤임과 명종의 외숙 윤원형의 권력투쟁으로 치닫는다. 중종이 승하하자 윤임의 지지를 받던 인종이 즉위했다. 그러나 후사 없이 8개월 만에 단명하고, 왕위에 오른 어린 명종을 대신해서 문정왕후가 수렴청정한다. 문정왕후는 을사사화(1545년)를 일으켜 사림파를 숙청하고, 대도 임꺽정이 활개 치는 등 사회는 극도의 혼란에 빠졌다. 〈여인 천하〉(2001년)가

34 《공자가어》에 나온 '아내를 내쫓을 수 있는 일곱 가지 잘못'으로 시부모에게 불순종, 아들이 없음, 음탕, 질투, 몹쓸 병에 걸림, 말이 많음, 도둑질함이다.

이를 소재로 한 드라마다.

《동의보감》에 익모초는 “부인이 아기를 갖기 전이나 낳은 후 모든 병을 구하므로 익모라 하고, 아기를 갖는 것과 월경을 다스리는 데 효과를 보지 못함이 없었다”라는 기록이 있다. 익모초는 회임을 위해 처방한 희망의 풀이나, 임신한 뒤에는 찬 성질 때문에 자궁 수축과 유산의 위험성이 있다.

영조도 아들을 낳기 위해 백방으로 노력했다. 《승정원일기》에 따르면 영조가 “지금 나이가 벌써 마흔이다. 보통 사람으로 말하면 쉰과 같으니 모든 방법을 다 써야 할 것이다”라고 하자, 이조판서 송인명이 “익모초가 후사를 얻는 데 큰 효과가 있습니다”라고 아뢴다. 그 효과일까? 마흔둘에 사도세자가 태어났다. 중국 역사상 최초이자 유일한 여황제로 50년 동안 당나라를 통치한 측천무후가 80세까지 젊음을 유지한 비법도 얼굴에 바른 ‘익모초택면방’으로 알려졌다.

명종과 사도세자를 낳게 한 익모초. 그러나 문정왕후와 영조에게는 비정한 부모의 정을 낳게 한 풀이기도 하다. 명종은 순회세자를 낳았으나, 그 역시 13세로 요절했다. 왕위는 중종의 일곱째 아들의 셋째로 조선 최초의 방계 혈통인 선조가 계승했다. 익모초를 통해 직계로 왕위를 잇고자 했으나, 결국 실패하고 말았다.

닥풀과 딱풀

닥풀

닥나무

닥풀은 무궁화, 접시꽃, 부용과 같은 아욱과에 들며 꽃 모양도 비슷하다. 특히 접시꽃은 한자어로 촉규蜀葵, 닥풀은 황촉규黃蜀葵(노란 접시꽃)다.

왜 닥풀이란 이름이 붙었을까? 예부터 한지는 닥나무나 꾸지나무 껍질을 가마솥에 쪄서 죽처럼 찧은 뒤 나온 섬유를 나무 방망이로 두드리고 대발로 걸러서 만들었다. 닥나무는 줄기를 꺾으면 딱 소리가 난다고 딱나무에서 유래했다지만, 조용히 부러지는 나무는 드물다. 잎과 줄기는 뽕나무와 비슷하고, 애벌레처럼 생긴 까만 오디와 달리 밤송이 같은 열매에서 털이 빠지며 빨갛게 변한다.

닥나무 껍질을 쪄서 찧은 죽으로 한지를 만들려면 접착할 재료가 필요하다. 닥풀 뿌리에서 나는 점액이 그것이다. 닥풀은 닥나무 껍질 섬유의 점성을 높이는 호료로 쓰인 데서 유래한 이름이다. 독일의 헨켈사가 발명한 립스틱 모양 고체 풀 '프리트'(1969년)를 모방한 '딱풀'도 닥풀에서 온 작명이다.

예부터 사용한 천연 접착제는 쌀이나 밀가루 등의 전분질에서 추출한 가루를 물에 끓인 녹말풀이다. 짐승의 가죽이나 힘줄, 뼈 따위를 고아서 굳힌 아교, 민어의 부레를 끓인 부레풀(어교), 우유의 카세인도 썼다.

불교 중흥에 따라 불경의 수요가 늘면서 닥풀로 만든 한지가 본격적으로 쓰였다. 세계에서 가장 오래된 목판 인쇄물《무구정광대다라니경》(751년경)을 탄생시킨 한지는 계림지鷄林紙, 백추지白鍾紙라는 이름으로 수출했다. 고려 시대에 과거를 실시하면서 책의 수요가 급증했으며, 조선 시대에는 전주와 남원을 비롯한 전국에서 한지를 생산했다.

한지는 세계적인 기록 문화를 낳았다. 우리나라는《불조직지심체요절》《훈민정음해례본》《조선왕조실록》《승정원일기》《조선왕조의궤》《동의보감》《일성록》《난중일기》《조선통신사기록물》 등 아시아에서 가장 많은 세계기록유산(18건)을 보유

꾸지나무 암꽃

꾸지나무 수꽃

하고 있다. 중국은 13건, 일본은 7건이다. 세계기록유산은 기록물의 내용과 당대 기록물이 현재까지 보존된 것에 방점을 두기 때문에 후대에 다시 기록된 것은 등재할 수 없다.

병인양요(1866년)에 참전한 프랑스의 앙리 쥐베르가 강화성 점령과 정족산성 전투에서 패한 뒤 철수하는 과정을 그린《조선 원정기》(1873년)에 기록한 글이다. "우리의 작전은 순조롭게 수행됐다. 주민들은 집, 가축, 재산을 모두 팽개친 채 달아났다. 우리의 자존심을 상하게 하는 한 가지 사실은 아무리 가난한 집이라도 집 안에 책이 있다는 것이다." 화가이자 군인인 그가 다 쓰러져가는 초가집에서 서책과 그림을 발견하고 당시 약 90퍼센트가 문맹이던 자국보다 문화 수준이 훨씬 높다고 경탄한 부분이다. 그 배경에 닥나무와 꾸지나무, 닥풀로 만든 한지가 있었다.

쌈 채소 당귀에 그런 뜻이?

왜당귀 꽃

한약방에 들어서면 훅 올라오는 냄새가 당귀 향이다. 엄밀히 말하면 당귀는 참당귀의 뿌리를 말린 약재다. 보혈 작용이 뛰어나며, 혈액순환에 효과가 있다. 마트에서 파는 쌈 채소 당귀는 대부분 왜당귀로, 쌉쌀한 맛이 깻잎이나 상추 등과 함께 삼겹살 구이에 잘 어울린다. 특히 당귀의 향은 건강에 좋을 것 같은 플라세보(속임약)효과가 만점이다.

라틴어 플라세보는 '기쁘게 해주리라'는 뜻이며, 플라세보효과는 '의사가 속임약을 처방해도 환자의 믿음으로 병이 낫는 현상'이다. 2차 세계대전 당시 약이 부족해서 쓰인 방법이다. 신약을 테스트하는 임상 시험에서 포도당을 처방했는데 병세가 호전되기도 한다. 반대로 백약이 무효라고 지레 포기하면 효과가 없거나 약해지는 것은 '노시보nocebo 효과'다. 뭐든 일단 입력되면 관성과 플라세보효과 등에 따라 확대재생산 된다.

왜당귀는 흰색, 참당귀는 붉은 자주색 꽃을 피운다. 한자어 당귀當歸는 '당연히 돌아온다'는 뜻이다. 아, 당귀에 그런 뜻이? 당귀에 무슨 사연이 있을까?

가난한 부부가 있었다. 약초를 캐러 간 남편이 3년 동안 돌아오지 않자, 아내는 개가했으나 불치병에 걸리고 말았다. 마침내 산에서 돌아온 남편이 어렵게 캔 약초를 건네며 "장부당귀丈夫當歸(장부는 당연히 돌아온다)"라고 했다. 약초를 달여 먹은 아내는 병이 나았고, 남편을 생각하며 당귀라 이름했다. 전쟁터로 떠나는 남편의 품에 당귀를 넣어주면 기력이 다할 때 먹고 회복해 돌아올 수 있다고 믿은 데서 유래했다고도 한다.

한자어 당귀는 여러 비유에 쓰였다. 위나라 강유는 제갈량의 계략에 속아 촉에 투항했으나, 그의 재능을 높이 산 제갈량의 진심 어린 회유로 촉의 신하가 된다. 뒷날 촉의 국운이 다해도 강유가 버티자, 위나라 사마소는 강유의 어머니를 포

참당귀

로로 잡고 투항을 종용했다. 그는 나중을 기약하며 거짓 투항한다. 그러나 전후 사정을 모르는 어머니는 아들의 불충을 책망했다. 고민하던 강유는 인편으로 어머니에게 한약재 원지遠志와 당귀를 보냈다. '원대한 뜻'을 이뤄 '당연히 촉으로 돌아간다'는 의미였다.

퇴계 이황과 '칼 찬 선비' 남명 조식 사이에도 당귀가 있다.

두 사람은 서로 존경하지만 만난 적이 없었다. 퇴계가 “임금께서 덕으로 벼슬을 내리시니 조정에 나오라”고 편지하니 남명은 “눈병으로 사물을 바로 보지 못한 지 여러 해인데, 눈 밝은 공께서 발운산[35]을 구해 눈을 밝게 열어달라”고 답한다. 당시는 문정왕후의 수렴청정과 국정 혼란으로 임꺽정 같은 도적이 판치던 시대다. 그런데도 임금의 덕을 말하니 발운산으로 자신을 깨우쳐달라는 것이다. 퇴계는 “저도 당귀를 구하나 얻지 못하니, 어찌 발운산을 얻을 수 있겠습니까?”라고 답한다. 돌아가고 싶으나 그럴 수 없는 현실을 빗댄 것이다.

당귀의 속명은 *Angelica*다. 수도사가 꿈에 미카엘 천사에게 받은 흑사병 치료 약초라는 데서 유래한 이름이다. 한자어는 천사초天使草다.

시인 도연명은 관직에 있으면서 상관에게 아부해야 승진할 수 있는 현실에 “내 어찌 쌀 다섯 말에 허리를 굽힐까?”라며 사직한다. ‘귀거래사歸去來辭’는 날다 지치면 돌아올 줄 아는 새처럼 낙향하는 소회를 담은 시다. 그리고 “인생은 환상 같아서, 결국에 공과 무로 돌아간다(인생사환화人生似幻化 종당귀공무終當歸空無)”고 말한다. 식탁의 쌈 채소 당귀에서 인생의 태어남과 죽음은 구름 한 조각이 일어나고 사라지듯 “빈손으로 왔다가 빈손으로 간다(공수래공수거空手來空手去)”까지 오고야 말았다.

35 눈앞의 흐릿함을 없애주는 안약.

화학자 홍 교수의
식물 탐구 생활

가을

꽃밭의 채송화와 울 밑에 선 봉선화

채송화

사철채송화

물채송화

아파트 화단의 채송화와 봉선화. 아빠하고 나하고 만든 '꽃밭에서'(1953년)를 떠올리게 하는 이들은 분꽃, 나팔꽃 등과 함께 동네를 주름잡던 꽃이다. '꽃밭에서'는 한국전쟁이 휴전된 후에도 돌아오지 않는 아빠를 기다리는 아이들의 마음을 그린 동요다.

채송화菜松花는 다육질 잎이 '솔잎을 닮은 풀꽃'이라는 뜻이다. 땅에 바짝 붙어 자라서 '따꽃'이라고도 한다. 영어로는 장미처럼 아름다운 꽃과 이끼 같은 잎이라고 '장미 이끼(rose moss)', 꽃잎이 11시쯤 열려서 '11시 꽃(eleven o'clock flower)'이다. 잎

봉선화

과 꽃이 솔잎을 닮은 사철채송화는 송엽국松葉菊이라고도 부른다. 잎이 가느다란 수생식물 물채송화는 원예용 물풀로 쓰인다.

채송화와 함께 꽃밭에 핀 봉숭아와 달리, 홍난파의 울 밑에 선 '봉선화'(1926년)는 암울한 일제강점기에 조국 광복을 바라는 우리 민족의 소망과 저항을 상징한다. 잡지사가 폐간되자 낙향한 홍난파. 실의에 빠져 지내던 어느 날, 옆집의 봉선이 그에게 바이올린 연주를 청한다. 해마다 그의 집 울타리에 봉

서양봉선화

선화를 심던 봉선이 타지로 떠나게 된 것이다. 그 아린 마음을 훗날 '애수'(1920년)라는 바이올린 연주곡으로 발표했고, 시인 김형준이 그 사연을 시로 옮겨 우리나라 최초의 가곡 '봉선화'가 탄생했다. "울 밑에 선 봉선화야 네 모양이 처량하다…." 1942년 전일본신인음악회에서 성악가 김천애의 열창으로 동포들의 심금을 울리며 퍼지자, 일제가 금지곡으로 단속하기 시작했다.

물봉선

가수 현철이 부른 '봉선화 연정'(1988년)에서 봉선화는 화산처럼 터지는 뜨거운 연정의 꽃이다. 영어로는 터치미낫touch-me-not[1]이다. 하지만 씨앗을 널리 퍼뜨리고 싶은 봉선화의 진심은 터치미플리즈touch-me-please가 아니었을까?

꽃이 봉황을 닮은 봉선화鳳仙花는 울타리에 심으면 뱀이나 질

1 만지면 잎을 포개는 미모사도 영어로 터치미낫 혹은 '신경초(sensitive plant)'다.

병을 물리친다고 믿어 금사화禁蛇花로도 불렀다. 여름에 손톱을 물들인 봉선화 꽃물[2]이 첫눈이 올 때까지 남아 있으면 첫사랑이 이뤄진다는 속설에 첫눈을 기다리는 마음도 물들이곤 했다. 그 봉선화 열매를 손으로 비비니, 뜨겁게 달군 프라이팬에서 굵은소금이 튀어 오르듯 씨앗이 사방으로 튕긴다.

서양봉선화는 속명이 *Impatiens*로 '성급하다'는 뜻이다. 꽃받침 아래로 기다랗게 나온 대 모양 꿀샘이 독특하다. 습지에서 잘 자라는 물봉선은 우리나라가 원산이다. 모양은 다르지만, 씨앗이 봉선화처럼 사방으로 튕긴다. 수줍은 너의 고백에 화산처럼 터져버리는 '봉선화 연정'의 가을을 채송화와 함께 버선발로 맞이한다.

2 무당의 붉은 손톱에서 비롯된 봉선화 물들이기는 병마를 막기 위한 것이었다.

마름모 수초, 마름

마름

마름쇠

물가에 빽빽하게 들어찬 마름은 부레옥잠처럼 잎자루에 공기 주머니가 있어 잎이 물에 뜬다. 그 이름은 마름모에서 유래한 듯싶지만, 신기하게도 거꾸로다. 잎이 네모꼴인 마름에 모서리의 '모'를 합친 도형이 마름모다.

원래 마름은 말벌이나 말개미처럼 '크고 억세다'는 뜻이 있는 접두사나 바닷말처럼 여러 수생식물을 통칭하는 말과 '열매'의 옛말 음(엄)의 합성어로, '큰 열매가 있는 물풀'이다. 밤 맛이 나서 물밤이라 부르는 열매는 구황작물이었다.

무협 영화에서 적의 침투를 막기 위해 땅에 뿌려놓는 마름쇠도 마름 열매를 닮은 데서 유래한다. 마름쇠는 어떻게 놓아도 한쪽 끝이 위를 향하기 때문에 '모로 던져 마름쇠'라는 속담은 아무렇게나 해도 성공한다는 뜻이다.

조정래 작가의 소설《아리랑》(1995년)에는 마름 이동만이 나온다. 마름은 왕실 재산을 관리하는 내수사와 왕족의 토지인 궁장토를 관리하고 작황 조사와 소작료를 징수한 하급 관리다. 조선 후기에 궁장토가 폐지되고, 일부 자작농은 씨앗을 직접 파종하는 직파법 대신 생산성이 높은 이앙법[3]을 도입하면서 지주로 발전하기 시작했다. 게다가 일제가 실시한 토지조사사업(1910~1918년)에서 일본인 지주를 포함해 부재지주가 생겨나자, 이들 대신 소작농을 관리하는 중간 관리자로 마름이 등장했다. 그중에는 소작농의 생사여탈을 쥐고 횡포를 부린 마름도 허다했다.

김유정의 단편소설 〈동백꽃〉(1936년)은 소작농의 아들 '나'와 마름의 딸 '점순' 사이에 싹트는 이성에 대한 마음을 그렸다. '나'의 집은 아버지가 마름인 점순네 땅을 부쳐 먹고 산다. 어느 날 점순이가 감자 세 알을 내놓았다. 나는 고개도 안 돌리고 감자를 밀어버렸는데, 점순이는 쏘아보더니 이를 악물고 가버린다. 그 후 점순이는 시시때때로 바보, 배냇병신이라 놀리다 못해 자기네 사나운 수탉과 나의 작은 수탉을 싸움 붙인다. 하루는 점순이가 수탉 싸움을 붙이고 천연스레 호드기[4]를 불고 있다. 너무 화가 난 나는 점순네 닭을 때려죽이고는 앞

3 모판에 자란 벼를 논에 옮겨 심는 방법. 생산성이 높지만, 물이 많이 필요해서 가뭄 피해가 크고 양민이 몰락하면 세수가 감소할 것을 우려해 초기에는 금했다.

4 버드나무 가지 껍질을 비틀어 속을 뽑아낸 껍질이나 짤막한 밀짚 등으로 만든 피리.

일이 걱정되어 울음을 터뜨린다. 점순이는 닭을 죽인 건 비밀로 하겠다며, 나를 안고 슬쩍 동백꽃[5] 속으로 쓰러진다. "알싸한 그리고 향긋한 그 냄새에 나는 땅이 꺼지는 듯이 온 정신이 고만 아찔하였다."

마름에서 떠올린 마름모, 마름쇠, 마름 이동만이다. 마름의 딸 점순이와 '썸 타는' 알싸한 동백꽃 내음에 나도 고만 정신이 아찔하다.

5 '생강나무 꽃'의 강원도 사투리.

붓두껍과 목화의 진실

목화 꽃

이름은 익히 알아도 막상 만나면 '아! 이 꽃이 그 꽃이었나?' 바라보게 되는 꽃이 있다. 무명[6]의 재료인 목화가 그렇다. 아! 이 꽃이 정녕 고려 말에 문익점이 붓두껍에 씨앗을 숨겨 들여왔다는 그 목화인가? 나무에서도 꽃은 피지만, 그 따스함이 얼마나 고마웠으면 '나무에 핀 꽃(木花)'이라 이름했을까?

양귀비가 두 차례 아편전쟁으로 서세동점 시대를 열었다면, 목화는 영국의 산업혁명(1760~1820년)과 미국의 남북전쟁(1861~1865년)으로 인류사에 한 획을 그었다. 그 과정에서 영국 농부들은 목화씨에서 짠 면실유로 감자와 생선을 튀긴 피시앤드칩스를, 흑인 노예들은 주인이 요리하고 남긴 닭고기로 프라이드치킨을 만들었다.

목화 꽃은 희거나 누렇게 피어 분홍색으로 바뀌었다가 떨어진다. 솜이 터지기 전의 열매는 씹으면 단 즙이 나서 '목화다래'라고 불렀다. 목화솜은 어떻게 생겨났을까? 과학자들은 목화도 민들레처럼 씨앗이 바람에 날릴 수 있도록 진화했다가 바닷물에 떠다닐 정도로 솜털이 빽빽해진 것으로 추측한다.

박은봉은 《한국사 상식 바로잡기》(2007년)에서 "문익점이 목화씨를 붓두껍에 넣어 돌아왔다는 것은 부풀려진 성공 신화"라고 말한다. 무슨 일이 있었을까? 문익점이 서장관[7]으로 뽑

6 목면(木棉)의 중국어 발음 무미엔에서 유래한다.

7 사신을 따라가는 기록관. 외교문서 관장, 물화 점검, 서책 무역, 정보 탐지, 견문록 작성 등 사행 외교의 실무자 역할을 했다.

목화 열매

혔을 당시, 원나라는 공민왕의 반원 자주 개혁 정치에 불만을 품었다. 특히 고려 공녀 출신 기황후는 오빠 기철이 처형되자, 원나라에 머물던 충선왕의 서자이자 공민왕의 삼촌인 덕흥군을 고려 왕으로 옹립했다. 이 시기에 원나라에 도착한 사신단은 대부분 덕흥군을 지지했으나, 덕흥군은 최영 장군의 고려군에게 패하고 말았다.

문익점은 파직돼 낙향한 뒤 장인 정천익과 함께 목화 재배에 성공했다. 그러나 당시 목화씨는 반출 금지 품목이 아니었으며, 붓두껍이 아니라 주머니에 넣어 가져왔다. 목화와 함께 부풀려진 문익점의 신화는 퇴계 이황이 쓴 '문익점 효자비각기'(1563년)에서 기정사실이 됐다고 한다.

이런 사례는 과학사에도 많다. 갈릴레이가 피사의사탑에서 쇠공과 고무공을 떨어뜨린 실험이나, 뉴턴이 나무에서 떨어지는 사과를 보고 떠올렸다는 만유인력도 위대한 발견을 드라마틱하게 미화한 스토리다. 그렇지만 문익점이 생사가 불분명한 상황에도 목화씨를 가져와서 이룬 의생활의 혁신은 신화로 부풀리기에 조금도 부족함이 없다.

내 맘은 콩밭에

강낭콩 꽃

강의실 창가에 강낭콩이 흰 꽃을 다소곳이 피웠다. 초등학생 때 '식물의 한살이' 단원에서 강낭콩 기르기 실험을 했다. 강낭콩에서 싹 튼 쌍떡잎과 본잎, 어렴풋한 기억 속의 그 꽃을 다시 만난 것이다. 강낭콩은 멕시코 원산으로, 콜럼버스에 의해 유럽을 거쳐 중국의 강남으로 전파되며 강남콩江南豆이라 불렸다.

돌콩 꽃

영어로는 씨앗이 콩팥[8]과 비슷해서 '콩팥 콩(kidney beans)'이다.

돌콩은 곳곳에서 보인다. 지금은 콩을 대부분 미국에서 수입하지만, 우리나라는 콩의 원산지이자 1930년대까지 세계

8 모양과 색깔이 콩과 팥을 닮은 데서 유래한다.

콩 꽃

2위 콩 생산국이었다. 대개 식물의 원산지는 재배종과 야생종, 중간종이 가장 많은 곳으로 정하는데, 콩은 만주와 한반도에 자생하는 야생 돌콩을 개량한 것이다. 고구려가 대제국을 건설한 배경도 풍부한 콩 덕분이다. 정복 국가 고구려는 삶은 콩을 말안장 밑에 깔고 다녔으며, 사람과 말의 체온에 의해 발효된 콩을 비상식량으로 이용했다. 청국장은 전쟁 중에 단기 숙성으로 먹을 수 있는 전국장戰國醬에서 유래하며, 두만강豆滿江은 '콩을 운반하는 배로 가득 찬 강'이었다고도 한다.

콩은 영양가가 높지만, 단백질을 분해하는 트립신 분비를 억제하는 물질이 있어 소화가 잘되지 않는다. 발효는 이를 해결하는 방법이다. 이때 콩의 단백질과 탄수화물 분해로 생긴 아미노산과 당이 장[9]의 감칠맛과 단맛을 낸다. 콩은 질소고정 작용으로 밭을 비옥하게 만드는 대표적인 작물이다.

콩이 들어간 속담은 차고 넘친다. '가물에 콩 나듯'은 콩은 땅이 마른 채 하루만 지나도 잎이 말라 드문드문 싹이 트기 때문이다. 왜 '마음은 콩밭에' 있을까? 옛날에 소작농은 자투리 땅이라도 있으면 콩을 심었다. 그러니 몸은 지주의 밭에 있어도 마음은 콩밭에 가 있는 것이다. 콩은 밀이나 쌀과 달리 점성이 없어 잘 뭉치지 않기 때문에 가족이 제멋대로인 '콩가루 집안'이다. 이외에 '콩 심은 데 콩 나고 팥 심은 데 팥 난다' '콩나물시루 같다' '콩으로 메주를 쑨다 하여도 곧이듣지 않는다' '콩이야 팥이야 한다' '눈에 콩깍지가 씌었다' '콩 한 쪽도 나누어 먹는다' 등이 있다.

원래 콩의 한자는 숙菽이다. '사리 분별을 못 하고 세상 물정을 잘 모르는 사람'을 뜻하는 숙맥은 숙맥불변菽麥不辨(콩인지 보리인지 구별하지 못한다)에서 나온 말이다. 그보다 밭에서 나는 소고기라는 콩의 진가를 제대로 몰라본다는 숙맥이 아니었을까? 양념장을 얹거나 지지고, 찌개와 전골 등 다양한 요리에 쓰이는 두부. 배에서 보내는 신호에 숙맥이 되어 마음은 어느새 콩밭에 가 있다.

9 간장의 간은 '소금의 짠맛', 된장의 된은 '되다'를 뜻한다. 춘장은 콩과 밀가루에 소금을 넣고 발효시켜 만들며, 짜장은 춘장과 녹말을 섞고 고기와 채소를 기름에 볶아서 만든다.

야관문의 진실은? 비수리

비수리 꽃

비수리가 연자주색 꽃을 피웠다. 콩과에 드는 비수리는 빗자루에 쓰이는 싸리, 비싸리에서 유래한다. 잎은 다른 싸리처럼 삼지창 모양 삼출엽이다. 비수리는 약재명인 야관문夜關門으로 더 유명한데, 직접 보면 "애개, 이게 야관문이야?" 할 정도로 흔한 풀이다.

'밤에 빗장을 열게 하는 천연 비아그라 약초'로 세간의 관심을 끌었지만, 야관문은 자귀나무처럼 밤에는 잎을 닫고 낮에

참싸리 꽃

땅비싸리 꽃

여는 습성에서 유래한 이름이다. 관문도 다른 지역으로 나가는 사람이나 물품을 조사하는 곳이기 때문에 야관문은 '밤에 문을 잠근다'는 뜻이다. 다른 이름인 '폐문초' '야폐초'도 같다. 야관문에 대한 비아그라의 환상은 플라세보효과다. 한의학에서는 간과 눈에 좋다는 내용이 있을 뿐이다.

비수리의 원조인 싸리는 중요한 밀원식물이다. 가지가 옆으로 덥수룩하게 자라 채반이나 소쿠리, 광주리, 싸리비를 만들

족제비싸리 꽃

전동싸리 꽃

고, 독성이 없어 회초리에 쓰였다. 수분이 적은 싸리는 태워도 연기가 잘 나지 않아, 조정래 작가의 소설《태백산맥》(1986년)에서는 빨치산이 밥 지을 때 사용한 나무로 나온다. 새마을운동이 한창이던 1970년대에는 새벽종이 울리고 새 아침이 밝으면 싸리비를 들고 청소하러 나갔다. 사립문도 싸리를 엮어서 만든 문이다.

이름에 '싸리'가 들어가는 식물은 꽃이 족제비 꼬리를 닮은

꽃댑싸리

물싸리 꽃

족제비싸리, 가느다란 줄기에 노란 꽃이 핀 전동싸리, 대나무비와 같은 댑싸리, 잎이 싸리를 닮고 물을 좋아하며 장미과에 드는 물싸리 등 다양하다. 이래저래 뭉뚱그려 싸리라고 퉁 치면 붉게 물든 댑싸리가 삐쳐서 "난 달라!" 하고 소리칠 것 같다.

〈미스터 션샤인〉의 새드 엔딩, 상사화

꽃무릇

산림청이 산의 가치와 중요성을 알리기 위해 2015년 선정한 '한국의 100대 명산' 등반에 도전했다. 관악산에서 시작해 경기 · 강원 · 충청권의 산은 대부분 올랐지만, 남은 산은 거리와 함께 마음마저 멀어지고 있다. 예순한 번째 오른 선운산에서

상사화

붉은 꽃을 만났다. '꽃과 잎은 서로 만날 수 없지만 서로를 생각하는 꽃(花葉不相見 相思花)'에서 유래한 상사화와 혼동하는 꽃무릇이다. 돌 틈에서 나오는 마늘 모양 뿌리라는 뜻으로, '석산(돌마늘)'이라고도 한다. 꽃무릇의 알뿌리는 방부제 성분이 있어 단청[10]이나 탱화[11]에 많이 썼으며, 사찰 주변에 흔했다.

10 목조건물을 여러 가지 빛깔로 장식한 무늬. 나무가 썩는 것을 방지한다.

11 천이나 비단에 부처나 보살을 그린 액자나 족자를 거는 불화.

진홍색 꽃무릇과 연분홍 상사화는 사촌이다. 상사화는 잎이 지고 꽃이 피며, 꽃무릇은 꽃이 지고 잎이 난다. 꽃이 피는 시기도 상사화는 여름, 꽃무릇은 가을이다. 꽃무릇을 상사화라 부르는 것은 애틋한 사연이 담긴 상사화가 그럴듯하게 다가오기 때문이다.

전설에 따르면, 한 스님이 불공을 드리러 온 여인을 사모했다. 그러나 승려 신분으로 애만 태우다가 상사병으로 세상을 뜨고 말았다. 이후 그 자리에는 꽃이 잎과 서로 다른 시기에 피고 지는 상사화가 자라났다. 한 여인이 수도에 정진하는 스님과 이룰 수 없는 사랑에 꽃이 됐다고도 한다.

상사병相思病의 문자적 의미는 서로 그리워하다 생긴 병이지만, 대개는 짝사랑에 따른 속앓이다. 상사병은 안개처럼 스며들어 폭풍처럼 심장을 할퀴며, 오직 시간이 해결할 수 있다. 상사병은 셰익스피어의 《로미오와 줄리엣》(1597년)처럼, 대한제국 시대 의병 이야기를 다룬 드라마 〈미스터 션샤인〉(2018년)의 유진 초이와 고애신처럼 새드 엔딩을 낳는다. 고애신이 묻고 유진 초이가 답한다. "뭐 하나 물어봐도 되겠소? 러브가 무엇이요?" "그건 왜 묻소?" "하고 싶어서 그러오. 벼슬보다 좋은 거라 하더이다." "총 쏘는 것보다 더 어렵고, 그보다 더 위험하고, 그보다 더 뜨거워야 하오." "꽤 어렵구려." "합시다, 러브. 나랑, 나랑 같이."

서울 강남 한복판에 선정릉이 있다. 성종과 정현왕후의 선릉, 중종이 묻힌 정릉이다. 이곳에서 무릇을 만났다. 꽃무릇

무릇

은 수선화과에 들고, 무릇은 백합과에 들지만 둘 다 꽃과 잎을 동시에 볼 수 없다. 봄에 나온 잎은 꽃이 필 때면 시들고, 꽃이 지면 다시 돋아나는 점이 특이하다. 혹시 꽃무릇은 꽃이 유난히 아름다운 무릇이었을까?

이제는 반가운 도꼬마리

도꼬마리 열매

달라붙기로 둘째가라면 서러워할 풀이 도꼬마리다. '열매의 가시가 도로 꼬부라져 말린 모양 같다'는 도꼬마리는 성가신 풀로 제거 대상이다. 그 열매를 말린 창이자蒼耳子는 '푸른 열매의 가시가 쥐의 귀처럼 생겼다'는 뜻으로, 비염과 축농증, 감기, 두통에 쓰이는 한약재다.

벨크로velcro 발명에 영감을 줬다는 도꼬마리는 생체 모방 공

도꼬마리 열매 30배 확대

학biomimetics의 아이콘이다. 벨크로는 프랑스어 벨루어velours(보풀이 있는 직물)와 크로셰crochet(갈고리)를 합친 상표명으로, 조르주 드 메스트랄이 1948년에 도꼬마리 씨앗을 보고 발명했다. 붙였다 뗄 때 '찌-지-직' 소리가 나서 '찍찍이'라고도 부른다. 이처럼 동식물의 특징을 모방해 새로운 기술이나 제품을 만드는 것이 생체 모방 공학이다.

사냥을 마치고 돌아온 메스트랄은 옷에 잔뜩 붙은 도꼬마리 열매를 보고 갈고리 모양 가시에서 벨크로의 아이디어를 떠올렸다. 그는 이발사가 머리를 깎는 데서 착안, 원형 고리 4분의 3 지점을 잘라 갈고리를 만들었다. 벨크로를 부착한 책가방과 지갑은 날개 돋친 듯이 팔렸다. 사실 벨크로에 영감을 준 것은 도꼬마리가 아니라 우엉속에 드는 스위스 토종 식물이다. 다만 우리나라 우엉보다 도꼬마리를 닮아서 그렇게 번역한 것이다.

우엉 열매

생체 모방 공학의 다른 예는 '연잎 효과'다. 1975년 식물학자 빌헬름 바르트로트는 연잎에 물방울이 떨어지며 잎의 먼지를 씻어내는 것을 발견했다. 연잎이 비에 젖지 않는 까닭은 표면에 작은 돌기가 있는 엠보싱 구조 때문이다. 표면장력이 큰 물방울은 연잎을 적시지 못하고 또르르 흘러내린다. 물체를 코팅하는 대신 물체의 표면 구조를 이용해 방수 효과를 얻을 수도 있다. 옷감 표면을 엠보싱 처리하면 때가 잘 묻지 않아 물을 뿌려서 씻을 수 있다. 유리나 건물 벽도 엠보싱 처리하면 빗물에 의해 자동 세척이 가능하다.

연잎

현미경으로 본 연잎 표면

방과 후에 형과 함께 들판에 돌담을 쌓고 모닥불을 지폈다. 그리고 나뭇가지를 덧댄 목검을 허리에 차고 대나무 화살을 쏘며 우거진 수풀 사이로 적을 향해 외쳤다. "돌격, 앞으로!" 해질 무렵, 집에 들어가기 전에 서로 옷을 꼼꼼히 점검한다. "학교 다녀왔습니다." 그때 어딘가에서 형제의 알리바이를 밀고하려 한 도꼬마리를 오랜 친구처럼 만난다.

살랑살랑 살사리꽃, 코스모스

코스모스

코스모스(개량종)

아주 먼 옛날, 우주cosmos를 창조한 신은 세상을 아름답고 질서 있게 꾸미기 위해 형형색색 꽃을 만들었다. 그중에 가장 아름다운 꽃이 가을 풍경을 완성하는 코스모스다.

기찻길과 도로변 경관을 위해 우장춘 박사의 추천으로 심기 시작한 코스모스가 전국으로 퍼진 것은 1970년대에 실시한 새마을운동 덕분이다. 마을 환경 개선 방안으로 지붕 개량, 도로 확충 사업 등을 실시하며 코스모스 모판과 씨앗을 곳곳에 보냈다. '가을이 오면'(1987년), '잊혀진 계절'(1982년)과 함께 가을에 많이 불리는 노래도 '코스모스 피어 있는 길'(1967년)이다.

코스모스는 사춘기 감성을 설레게 하는 꽃이었다. 어느 날, 코스모스 핀 길가에서 우연을 가장한 채 소녀를 기다렸다. 감청색 조끼 안에 하얀 블라우스를 입은 소녀가 지나간다. 코스모스 한 송이를 건네며 쥐꼬리만 한 용기를 짜내 처서에 입 비뚤어진 모기 같은 소리로 말했다. "우리 친구 할래?"

코스모스에서 칼 세이건의 《코스모스》(1980년)를 떠올리기도 한다. 천문학자이자 작가로 자연과학의 대중화에 힘쓴 칼 세이건은 냉전 후 핵 개발 경쟁으로 실추된 과학의 가치에 대해 고민했다. 그리고 과학은 인류의 지성과 사고를 우주로 향하게 했으며, 인류의 가장 중요한 가치는 생명이라는 것을 감성적 서사로 풀어냈다. 《코스모스》는 역사상 가장 많이 읽힌 과학 교양서다. "헤아릴 수 없이 넓은 공간과 셀 수 없이 긴 시간 속에서 지구라는 작은 행성과 찰나의 순간을 그대와 함께 보낼 수 있음은 나에게 큰 기쁨이었다."

왜 우주가 코스모스일까? 가던 길을 멈추고 코스모스를 들여다보면 그 안에 무수한 별과 우주가 담겨 있다. 바람에 살랑살랑 흔들리는 살사리꽃, 코스모스는 가을을 품은 꽃이지만 여름부터 핀다. 그런데 축제장에서 만난 코스모스는 단색의 청초한 코스모스가 아니라 가장자리가 알록달록한 개량종이었

황화코스모스

숙근코스모스

다. 아! 마음에 간직한 첫사랑을 무심결에 떠나보낸 아쉬움이 인다. 그 느낌은 나만의 것이 아니었다. 곳곳에서 "옛날 코스모스하고 다르네"라는 속삭임이 인파 속으로 사라진다. 주홍빛을 띠는 황화코스모스와 숙근코스모스도 있다.

눈이 시리게 푸른 하늘 아래 선 소년의 마음은 말없이 코스모스 핀 길을 걷던 소녀의 하얀 실루엣을 좇는다. 헤아릴 수 없는 공간과 셀 수 없는 시간 속에서 찰나를 함께한 그날의 코스모스다.

맨드라미는 5000원

맨드라미

한 졸업생이 딸과 함께 연구실을 찾았다. 서너 살 됐을까? "엄마 가르쳐주신 교수님이셔. 인사해." "안녕하떼요." "오~ 그래, 몇 살? 잠깐만…" 하며 지갑을 열었다. 다행히(?) 만 원짜리 한 장이 있다. "맛있는 거 사 먹어." 잠시 돈을 이리저리 살피던 꼬마, "엄마, 돈이 꾸겨져떠요". 이어지는 한마디, "여긴 찢어져떠요". 주면서도 조금 망설였는데 동심을 파괴한 만 원

촛불맨드라미

개맨드라미

이 되고 말았다.

우리나라 지폐에는 매화(1000원권), 소나무(1만 원권), 포도와 매화(5만 원권) 등이 있다. 5000원권에는 신사임당이 그린 '초충도草蟲圖'의 수박, 맨드라미, 도라지가 있다. 초충도는 풀과 벌레를 소재로 삼은 그림이다. 후손이 번성하기를 바라며 씨앗이 많은 가지나 오이, 덩굴을 뻗는 수박, 알을 많이 낳는 여치나 방아깨비와 함께 나비, 고양이 등을 그렸다. 나비 접蝶은 팔십, 고양이 묘猫는 칠십 노인을 뜻하는 한자와 발음이 같아 장수를 기원하는 의미다.

맨드라미는 어떤 의미일까? 꽃이 닭 볏을 닮은 맨드라미는 한자어로 계관화鷄冠花, 영어로 '수탉의 볏(cockscomb)'이다. 볏은 '일어선 형체'를 뜻한다. 닭의 머리 위에 빨간 볏이 그렇게 보인 것이다. 벼슬은 '볏'의 사투리이며, 벼슬아치는 대감이 쓰는 관이 닭 볏을 닮은 데서 유래한다. 맨드라미는 출세의 상징이었다. 특히 닭과 맨드라미를 같이 그리면 관에 관을 더한 관상가관冠上加冠으로, 계속 잘나가길 기원하는 뜻이 있다.

이규보의 《동국이상국집》(1241년)에 따르면, 만다라曼多羅는 절에 많이 심는다고 하여 맨드라미는 만다라에서 유래한 것으로 추정된다. 그러나 불교에서 만다라曼陀羅는 '하늘의 꽃'이라는 산스크리트어로, 기적의 순간에 큰 나무에서 비처럼 내린다는 꽃이다. 인도에서는 봄을 알리는 꽃 중 하나였다.

나라는 빼앗겼으나 희망의 봄은 빼앗길 수 없다는 저항 의식이 절절한 이상화의 시 '빼앗긴 들에도 봄은 오는가'(1926년)에 "나비 제비야 깝치지 마라 / 맨드라미 들마꽃에도 인사를 해야지"라는 구절이 나온다. 깝치다는 '재촉하다'의 경상도 사투리다. 맨드라미는 민들레, 들마꽃의 들마는 '들에서 나는 마'로, '메꽃'의 사투리다.

5000원권의 맨드라미 옆에 있는 개구리는 '올챙이 시절을 잊지 말라'는 의미다. 다른 초충도에 있는 쇠똥구리는 '조금씩 굴리다 보면 언젠가 출세한다'는 뜻이다. 아이들이 어릴 때는 세뱃돈으로 1000원짜리 신권 10만 원을 1년 치 주일 헌금으로 주곤 했다. 예전 할머니들은 꼬깃꼬깃한 돈을 다리미로 펴서 헌금했다는 얘기를 해주면서…. 같은 돈이라도 정성이 다른 걸 알면서 구겨지고 찢어진 돈을 줬다가 꼬마에게 한 방 먹었다.

탈모인의 희망, 쐐기풀

혹쐐기풀

아파트 뒤쪽 도랑 근처 빈터에 깻잎처럼 생긴 쐐기풀nettle이 있다. 쐐기는 나무나 쇠를 'V 자형'으로 깎아서 물건의 틈에 박아 사개가 물러나지 못하게 하거나 물건들의 사이를 벌리는 데 사용한다. 포크, 칼, 가위에도 쐐기의 원리가 적용된다. 그 외에 승부를 결정짓는 쐐기 골, 메소포타미아를 중심으로 고대 오리엔트에서 광범위하게 쓰인 쐐기문자 등이 익숙하다.

쐐기풀은 잎과 줄기의 가시에 개미산(포름산)이 있어 찔리면 가렵고 아프다. 쐐기나방이나 쐐기풀나비의 애벌레인 쐐기벌레도 쐐기풀을 먹고 자라며 온몸에 털 모양 독침이 있어 쏘이면 쓰리다. 쐐기풀은 쐐기벌레에서 유래한 이름이고, 뼈의 성분인 인이 많은 땅에서 잘 자라 '무덤가의 풀'로 알려졌다.

크리스 베어드쇼의 《세상을 바꾼 식물 이야기 100》(2014년)에는 쐐기풀을 중세에 대머리 치료제로 썼다고 나온다. 인구의 20퍼센트가 고통을 받는다는 탈모의 고민은 기원전부터 있었다. 히포크라테스와 아리스토텔레스는 사춘기 전에 거세하면 탈모가 되지 않는다는 것을 알고 있었다. 히포크라테스는 커민과 서양고추냉이, 아편, 쐐기풀 등을 섞은 약을 발랐고, 아리스토텔레스는 '친구들이여, 빛나는 머리를 사랑하라! 이는 남성의 상징이니…'라는 자기최면을 걸기도 했다.

"왔노라, 보았노라, 이겼노라" "주사위는 던져졌다" 등 명언을 남긴 율리우스 카이사르도 대머리였다. 그는 탈모를 가리기 위해 항상 월계관을 썼다. 카이사르의 어원도 '머리칼이 풍성한'에서 유래했다고 한다. 대머리가 가문 내력이어서 희망

혹쐐기풀 살눈

사항이었다는 것이다.

가발은 중세 귀족의 필수품이었다. 영국의 엘리자베스 1세는 적은 머리숱을 가리려고 주황색 가발을 썼다. 가발을 장식의 경지로 끌어올린 사람은 태양왕 루이 14세다. 가발이 권위를 상징하면서 머리숱이 많은 귀족도 착용하기 시작했다. 매독[12]에 따른 탈모를 가리기 위해 가발을 사용했다고도 한다. 영국의 형사 재판정에서는 지금도 전통과 권위를 상징하는 흰색 가발을 착용한다.

12 피부 궤양이 매화 같은 모양인 데서 유래한다.

최초의 탈모 치료제는 우연한 발견에서 비롯됐다. 1950년대 고혈압 치료제로 개발한 '미녹시딜'이 임상 시험에서 발모의 부작용이 나타나자, 탈모 치료제로 승인받은 것이다. 도미니카에서 남성성의 발현이 늦은 아이들은 남성호르몬 테스토스테론을 더 강력한 디하이드록시테스토스테론으로 바꾸는 5-알파 환원효소가 부족했는데, 이들에게는 대머리가 없었다. 이에 5-알파 환원효소를 억제하는 탈모 치료제, '프로페시아'도 개발했다.

누구에게는 아무것도 아닌 일이 누구에게는 극심한 스트레스로 다가온다. 성경에도 대머리 선지자 엘리사의 저주가 나온다. 그는 구약의 위대한 예언자 엘리야의 영감을 갑절로 받았으며 수넴 여인의 죽은 아들까지 살려냈지만, 대머리라는 조롱은 참을 수 없었을까? 암곰이 아이들 42명을 찢어 죽이도록 저주하고 말았다.

'인디언은 대머리가 없다'는 통계를 근거로 개발한 양모제에도 쇄기풀이 쓰인다. 쇄기풀의 쇄기가 두피를 자극할까? 아니면 쇄기풀에 기적의 탈모 방지 성분이라도 있을까? 쇄기풀을 이리저리 살핀다. 줄기 사이사이에 참나리와 비슷한 살눈이 있다. 혹쇄기풀이다. 흔한 쇄기풀에서 탈모의 쓰라린 아픔을 엮는다.

매운 여뀌의 팔자

여뀌

고마리

남한산성 기슭에서 잎에 여덟 팔八 자 무늬가 선명한 풀을 만났다. 고마리인가? 풀과 나무는 주로 꽃과 잎, 줄기로 구별하는데, 개암나무 어린잎의 자주색 무늬처럼 특징이 있으면 알아보기 쉽다. 잎에 팔자 무늬가 있는 풀은 잎 가운데가 잘록한 창검 모양 고마리다(팔자 무늬는 광복절 즈음에 선명해진다고 한다). 남한산성에서 만난 풀은 잎이 피침모양인 여뀌다. 꽃대에 좁쌀처럼 촘촘하게 붙은 분홍색 꽃이 예쁘지만, 소도 먹지 않는다는 풀이다.

여뀌는 잎과 줄기에 타닌이 많아 항균 · 지혈 효과가 있고, 매운맛이 난다. 영어로는 '물후추(water pepper)'다. 일본에서는 생선 요리나 회에 곁들이기도 한다. 김주영의 장편소설 《홍어》(1998년)에서 여뀌는 마을 청년들이 봇도랑[13]에 잎과 줄기를 짓이겨 풀어서 살찐 붕어와 피라미를 바가지씩 퍼 올리던 어독초魚毒草다.

여뀌는 꽃대에 작은 꽃이 줄줄이 엮인 데서 유래한 이름이다. 매운맛이 나서 '맵쟁이'라고도 한다. 줄기 끝은 강아지풀 이삭처럼 보이지만 하나하나가 꽃이다. 가장 흔한 개여뀌는 매운맛이 나지 않는다. 제주 비자림에는 여뀌 중 가장 예쁘다는 이삭여뀌가 곳곳에 피었다. 강화도에서는 다른 여뀌와 달리 줄기를 기다랗게 뻗어 '노인장대'로 불리는 털여뀌를 만났다. 왜 노인장대일까? 줄기가 튼튼해서 노인들이 지팡이로 썼다지만, 청려장을 만드는 명아주도 흔한데 굳이 털여뀌를 썼을까 싶다. 노인처럼 털이 많고 길게 자라는 데서 유래한 이름이라는 말도 있으며, 신사임당의 '초충도'에서는 장수를 기원하는 의미로 그렸다고 한다.

여뀌의 매운맛은 어떤 성분일까? 매운맛 하면 고추의 캡사이신이 떠오르지만, 마늘이나 양파, 부추 등의 알싸한 맛은 알

13 봇물을 대거나 빼게 만든 도랑.

개여뀌 꽃

이삭여뀌 꽃

리신에 기인한다. 코끝이 간질거리는 후추의 매운맛은 피페린, 코끝이 찡한 겨자와 와사비의 매운맛은 시니그린에 있다. 여뀌의 매운맛 성분은 타데오날로 조금씩 다르다.

놀랍게도 2021년 노벨 생리학 · 의학상은 온도와 촉각에 대한 수용체를 발견한 과학자들이 받았다. 그들은 '고추를 먹으면 왜 땀이 나는가?'라는 궁금증에서 출발해, 섭씨 42도 이상에서 활성화되는 단백질 수용체가 캡사이신과 결합할 때 같은 전기신호를 발생시킨다는 사실을 발견했다. 파스나 민트 껌의 시원한 느낌도 특정 온도 이하에서 활성화되는 단백질 수용체

털여뀌 꽃

박하 꽃

가 민트의 멘톨에 작용해 차갑게 느끼는 것이다. 이어서 꼬집고 만지는 자극에 반응하는 촉각 수용체도 발견했다. 일상의 질문에서 감각이 전달되는 메커니즘을 밝혀낸 것이다.

그렇다면 긴장하거나 짝사랑하는 사람을 만나면 심장박동이 요동치는 것도 같은 단백질 수용체의 작용은 아닐까?

꽃가루 알레르기와 환삼덩굴

환삼덩굴

환삼덩굴은 줄기가 '철판이나 나무 등을 갈아서 편평하게 만드는 쇠붙이'인 환(줄)을, 잎이 삼(대마)을 닮아서 붙은 이름이다. 까끌까끌한 잔가시가 많아 '깔깔이풀'이라고도 한다. 밭둑이나 숲 가장자리, 개천 등에 잘 자라며, 왕성한 번식력으로 주변 식물이나 농작물을 덮어 죽게 만든다. 쑥, 돼지풀과 함께 가을철

환삼덩굴 암꽃

환삼덩굴 수꽃

꽃가루 알레르기[14]를 유발하며 가시박, 칡과 더불어 3대 유해 덩굴식물로 꼽힌다. 그런데도 환삼덩굴은 잎이 삼베나 대마초를 만드는 삼과 비슷해서 단너삼(황기), 봉삼이나 고삼처럼 이름에 산삼과 인삼을 통칭하는 '삼'이 쓰였다. 암수딴그루로 암꽃은 자줏빛 갈색, 수꽃은 대개 황록색을 띤다.

14 꽃가루 때문에 재채기, 콧물, 코막힘, 눈 가려움증, 결막염 등이 생긴다. 알레르기비염은 인구의 15퍼센트가 앓는 흔한 질환이다.

꽃은 꽃가루받이하는 매개체에 따라 충매화, 풍매화, 조매화, 수매화로 나눈다. 충매화(무궁화, 호박, 장미, 국화, 개나리)는 화려한 꽃과 향기로 곤충을 유혹하며, 꽃가루에는 곤충에 잘 달라붙는 돌기나 점성이 있다. 풍매화(소나무, 삼나무, 버드나무, 벼, 옥수수, 갈대)는 꽃이 수수하고 꿀도 없지만, 꽃가루가 작고 가벼우며 양이 많다. 특히 공기 주머니가 있는 송홧가루는 바람을 타고 멀리 퍼진다. 새가 꽃가루를 운반하는 조매화(동백나무, 바나나, 선인장)는 꿀이 많다. 수매화(나사말, 연꽃, 물옥잠)는 물이 꽃가루를 운반한다.

꽃가루 알레르기의 주범은 어떤 꽃일까? 꽃가루 알레르기는 주로 풍매화 꽃가루가 날리는 시기에 심해진다. 기상청이 작성한 꽃가루 달력에 따르면 4~5월은 소나무와 참나무, 6월은 잔디, 8~10월은 쑥과 돼지풀, 환삼덩굴이 알레르기를 일으키는 주원인이다. 꽃가루가 날리는 시기에는 되도록 외출을 삼가야 한다. 증세가 하나씩 생기는 여름 감기와 달리, 꽃가루 알레르기는 한꺼번에 나타난다.

환삼덩굴은 가시박처럼 쪽박만은 아니다. 양지식물로 숲 가장자리에서 숲을 넓히고 보호하며, 칡처럼 식용도 가능하다. 한의학에서는 혈압과 뇌 질환 치료에 처방하며, 열매는 이뇨 작용에 쓴다. 네발나비는 환삼덩굴 잎에 알을 낳고, 애벌레는 그 잎을 먹고 자란다. 그런데도 환삼덩굴은 생태계 교란 생물로 지정됐다.

신라 출신으로 당나라에 거주한 여류 시인 설요가 아버지의 죽음을 보고 출가했다가 6년 만에 환속하며 지은 시 '반속요返俗謠'가 《전당시全唐詩》(1705년)[15]와 《대동시선大東詩選》(1918년)[16]에 전한다.

화운심혜사숙정化雲心兮思淑貞
구름 마음 되어 순결하자 생각했건만
동적멸혜불견인洞寂滅兮不見人
깊은 골 절간 사람 안 보이네
요초방혜사분온瑤草芳兮思芬蒕
꽃 피어 봄 이리 설레니
장내하혜시청춘將奈何兮是青春
아 이 젊음을 어찌할거나

청명한 가을 하늘과 붉게 물든 단풍에 끌려, 꽃가루 알레르기의 위협과 환삼덩굴의 까끌까끌한 가시에 긁혀도 산문에 들어서는 마음이 봄에 못지않게 설렌다. '새털구름 몽실몽실 피어오르니, 아~ 이 가을 늦바람은 어찌할거나.'

15 중국 청대(淸代)에 편찬된 당시(唐詩) 전집.

16 장지연이 고조선부터 대한제국 시기까지 우리나라 역대 시를 시대순으로 모아 엮은 시선집.

바다 단풍, 칠면초

칠면초

썰물 때 바닷물이 빠지면 길이 열리는 섬, 제부도. '한국판 모세의 기적'을 대표하는 진도는 1년에 두 차례 바다가 갈라지지만, 제부도는 하루에 두 번 열린다. 푸른빛이 넘실대는 제주 바다와 사뭇 다른 느낌이다. 서해안 갯벌은 2021년 유네스코 세계자연유산에 '한국의 갯벌'로 등재됐다. 제부도 갯벌에서 오원 장승업의 일대기를 그린 영화 〈취화선〉(2002년)에 배경으로 등장한 칠면초 군락을 만났다. 취화선은 '술에 취해 그림을 그리는 신선', 장승업을 말한다.

칠면초七面草는 '색이 칠면조[17]처럼 변하는 풀'이라는 뜻으로, 연두색에서 자주색을 거쳐 붉게 변한다. '바닷가를 붉게 물들이는 나물'이라는 해홍나물도 칠면초를 닮았다.

대표적인 염생식물인 칠면초는 곧은 원줄기의 약 7센티미터 이상에서, 해홍나물은 3~4센티미터에서 가지가 갈라진다. 잎은 칠면초가 통통한 곤봉 모양, 해홍나물이 긴 바늘 모양이라지만 도긴개긴이다. 한국 영화 최초로 칸영화제 감독상을 받은 〈취화선〉에서 장승업이 첫사랑 소운을 떠올리며 휘적휘적 걸은 곳은 칠면초 같은 염생식물로 붉게 물든 영종도 갯벌이다.

영종도를 붉게 물들이는 염생식물은 인천국제공항으로 입국하는 외국인의 탄성을 자아낸다. 영종도 갯벌이 처음부터 염생식물 군락지는 아니었다. 인천국제공항은 1994년 영종도와 용유도를 방조제로 연결하면서 개항을 준비 중이었다. 그러나 매립지 갯벌에서 형성된 소금기와 토사에 따른 미세 입자가 바람에 뒤엉키며 활주로 근처에서 '소금 안개'가 발생했다. 이는 항공기 운항과 시설물 안전에 치명적이었다. 고민하던 수도권신공항건설공단(인천국제공항공사 전신)은 염생식물이 많은 갯벌에 소금 안개가 생기지 않는 점에 착안, 수백만 제곱미

17 머리와 목에 털이 없고 살이 늘어졌는데, 그 빛이 여러 가지로 변한다고 붙은 이름.

터 갯벌에 칠면초와 해홍나물 종자를 뿌렸다. 이후 갯벌이 붉게 물들었고 소금 안개가 사라졌다.

염생식물은 어떻게 바닷가에서 자랄까? 세포액의 농도가 흙 속의 물보다 높은 식물은 삼투현상[18]으로 물을 빨아들인다. 바닷물처럼 바깥쪽 농도가 높으면 오히려 물이 세포 밖으로 빠져나가 식물이 말라 죽는다. 하지만 염분이 많은 곳에서 자라는 염생식물은 잎의 액포 농도가 바닷물보다 진하기 때문에 물을 빨아들인다.

갯벌의 잡초로 취급되던 염생식물은 최근 천연 미네랄이 풍부한 '바다의 약초'로 대접받는다. 가을이면 만산홍엽滿山紅葉 못지않게 갯벌을 물들이는 만해홍초滿海紅草가 장관을 연출한다. 제부도에서 만난 염생식물은 칠면초일까, 해홍나물일까? 이듬해 강화 석모도에 갔다. 통통한 곤봉 모양 잎으로 칠면초를 확인한다. 붉은 비단처럼 펼쳐진 칠면초의 환상적인 풍광에 채널 고정이다.

18 배추를 소금에 절일 때 배추에서 물이 빠져나오듯, 농도가 낮은 쪽에서 높은 쪽으로 용매가 이동하는 현상.

보고 싶던 퉁퉁마디(함초)

퉁퉁마디

해홍나물

시화방조제 지나 대부도 입구에 자리한 대부바다향기테마파크를 찾았다. 부슬부슬 내리는 비에 우산을 받쳐 들고 갈대와 풀로 둘러싸인 나무 덱을 분위기 있게 걷는다. 퉁퉁마디(함초)와 해홍나물이 눈에 띄었다. 석모도에서 칠면초를 만난 뒤, 어디서 볼 수 있을까 하던 염생식물이다.

통통마디는 마디와 마디 사이가 불룩하게 튀어나와서 붙은 이름이다. '짠 풀'이라고 함초鹹草, '신령스러운 풀'이라고 신초神草로도 부른다. 영어 이름도 '소금풀(saltwort)'이다. 속명 *Salicornia*는 '소금'을 뜻하는 라틴어 sal과 '뿔'을 뜻하는 cornu의 합성어로, '줄기가 뿔처럼 생긴 소금 같은 풀'이라는 뜻이다. 얼마나 짤까? 말리는 손길을 뿌리치고 줄기 하나를 입에 넣었다. 아삭아삭하게 씹히면서 나는 짠맛이 상큼하다.

소금은 주로 산에서 채굴한 암염, 바닷물을 햇볕과 바람으로 증발시킨 천일염을 사용한다. 사탕수수 줄기에서 짠 즙으로 설탕을 만드는 것처럼 통통마디 같은 염생식물로 소금을 만들기도 한다. 식물 소금은 나트륨을 체외로 배출하는 칼륨 함량이 다른 소금보다 많아 건강한 소금으로 평가받는다. 갯벌이나 암염 광산이 많지 않은 유럽에서 통통마디는 소금 대용으로 썼다. 심지어 영국에서는 쌈을 즐기는 우리도 잘 안 먹는 통통마디를 생으로 먹었을 정도다.

통통마디는 줄기에 마디가 많고, 가지는 마주나서 칠면초나 해홍나물과 비교적 구별하기 쉽다. 처음에는 녹색 줄기로 나서 가을이면 점차 붉게 변한다. 숙변 제거와 변비, 당뇨, 고혈압 등에 효능이 있다고 알려지면서 함초소금, 함초분말, 함초된장 등 각종 식품 재료로 인기다. 염전의 천덕꾸러기에서 건강식품의 대명사가 된 셈이다.

통통마디는 영어로 '유리풀(glasswort)'이라고도 한다. 소금풀은 그렇다 치고 웬 유리풀일까? 유리는 규사, 생석회(산화

칼슘), 소다회(탄산나트륨) 등으로 만든다. 규사는 모래, 생석회는 석회석에서 얻는다. 유리 제조 과정에 규사의 용융점을 낮추는 소다회는 다시마나 퉁퉁마디 등을 태운 재에서 얻기 때문에 유리풀이라 불렀다.

소다회는 비누에도 쓰였다. 그러나 비누 수요가 급증하자 유리풀로는 어림없었다. 1775년 아카데미데시앙스Académie des Sciences(프랑스 과학 아카데미)는 소다회 제조법에 상금을 걸었다. 니콜라 르블랑은 황산, 석탄, 석회석 등을 이용해 소금으로 소다회를 제조했다. 그는 큰 상금을 받았고 공장도 세웠으나 시련이 닥쳤다. 프랑스혁명(1789~1799년)으로 후원자이자 왕위에 야심을 품은 오를레앙 공이 처형된 것이다. 공장을 몰수당한 르블랑은 권총으로 자살하고 말았다. 그는 비누와 유리 산업의 핵심 재료인 소다회를 개발한 과학자지만, 시대를 잘못 만났다.

퉁퉁마디 옆에 잎이 빨간 염생식물이 있다. 석모도의 칠면초? 잎 하나를 잘랐다. 단면이 반원형인 해홍나물이다. 칠면초는 바닷물이 잠기는 깊은 갯벌에, 해홍나물은 육지에 접하는 얕은 갯벌에 산다.

경징이풀, 나문재

나문재

잎이 붉고 가는 풀이 웃자란 쑥처럼 기다랗다. 퉁퉁마디를 만난 뒤 기다리고 기다리던 나문재다. 이름은 '먹고 먹어도, 뽑고 뽑아도 남는 풀'에서 유래한다. 짭짤한 나문재를 그 정도로 먹을 일이 있었을까?

나문재는 칠면초, 해홍나물, 퉁퉁마디와 함께 갯벌의 대표적인 염생식물이다. 잎이 솔잎처럼 가늘고 도톰해서 '갯솔나물'이라고도 한다. 줄기가 곧게 자라는데, 강화도에서는 '경징이풀'이라 부른다. 애니메이션 〈네모바지 스폰지밥〉의 불쌍한 캐릭터 '징징이'도 아니고 웬 경징이풀일까?

반정으로 광해군을 몰아내고 왕위에 오른 인조의 친명 배금 정책은 예정된 수순이었다. 그 와중에 논공행상에 불만을 품었다는 모함으로 시작된 이괄의난(1624년)은 진압됐으나, 일부 세력이 후금으로 넘어가 광해군 폐위의 부당성을 호소했다. 후금은 평안북도 가도에서 세력을 키우던 명의 모문룡을 제거하고, 광해군을 위한다는 명분으로 정묘호란(1627년)을 일으켰으며, 인조는 강화도로 피란한다. 이후 곳곳에서 의병이 일어나자, 명나라와 대치 중이던 후금은 조선과 화친을 맺고 철수한다.

국력이 강해진 후금은 국호를 청으로 바꾸고, 황제의 나라로 칭하며 사대의 예를 요구했다. 그러나 황제 즉위식에 참석한 조선의 사신들은 하례하지 않았다. 오랑캐에게 복종하지 않겠다는 것이다. 결국 청 태종 홍타이지는 명을 치기 전에 배후의 위협을 제거하고자 병자호란을 일으킨다. 조선은 남한산성에서 버티며 유사시 강화도로 파천하는 전략을 세웠지만, 정묘호란 당시 낭패를 겪은 청은 산성을 우회한 뒤 곧장 남하해 인조가 강화도로 가는 길을 차단했다. 인조는 봉림대군과 며느리 강빈 등을 먼저 보내고 뒤따랐지만, 청의 군대가 길을 끊은 뒤였다. 남한산성으로 어가를 돌렸다. 비극의 시작이다.

인조는 반정의 일등 공신인 영의정 김류를 전시 총사령관으로, 그의 아들 김경징을 강화도검찰사로 임명했다. 그러나 김경징은 자기 이익 외에는 안중에 없는 인물이다. 《연려실기술》에 따르면, 그는 자신의 가솔과 재물을 가장 먼저 태웠다.

해전에 약한 청나라 군이 바다를 건너지 못하리라 여긴 김경징은 천혜의 요새인 강화도를 믿고 술판을 벌였다. 청나라 군이 갑곶에 상륙하자, 군사를 출정시켰으나 몰살당했다. 많은 대신과 아녀자, 심지어 김경징의 어머니는 청나라 군의 손에 죽고 아내와 며느리마저 그 자리에서 자결했으나 김경징은 도주한다. 봉림대군을 비롯한 왕실과 대신의 가족은 청의 포로가 됐다. 남한산성에서 버티던 인조는 전의를 상실하고 항복했다. 전후 김경징이 사약을 받자, 아버지 김류마저 너는 죽어 마땅하다며 외면했다. 《인조실록》에는 "아는 것 없고 탐욕과 교만으로 사람들에게 손가락질받는 자식을 김류가 잘못 천거하여 나라도 망치고 집안도 망쳤다"는 기록이 있다.

김경징은 임진왜란(1592~1598년) 당시 칠천량해전(1597년)에서 대패를 자초한 원균에 필적하는 인물이지만, 우리 기억에 남아 있지 않다. 임진왜란은 지금도 영화와 드라마로 재생산되면서 왜군을 물리친 민족적 자긍심을 고취하는데, 병자호란은 기억하고 싶지 않은 역사다. 그에게는 다행이지만 강화도에서는 '경징이풀, 나문재'로 각인됐다. 얼마나 원한이 사무쳤으면 그랬을까? 강화 갯벌의 붉은 나문재는 백성의 피맺힌 절규를 담은 경징이풀이다.

슬픈 국화

국화

국화는 '꽃잎이 쌀[米]을 싼 포[勹]처럼 피는 풀[艸]'이라는 뜻이다. 동아시아에서 자생하던 구절초와 쑥부쟁이, 개미취 같은 들국화를 교잡해 만든 원예종이다. 마거리트, 해바라기, 코스모스뿐만 아니라 참취, 쑥갓도 국화과에 든다.

국화는 왜 가을에 꽃이 필까? 개화는 식물이 번식을 위한 생식기관인 꽃을 만드는 과정이다. 온대식물은 낮의 길이나 온

소국

사계소국

도의 변화를 감지해 개화 시기를 조절한다. 벚꽃 같은 봄꽃은 한겨울을 보내고 낮이 길어지면 꽃을 피우는 장일식물이다. 국화과 식물은 낮이 짧아지는 늦가을에 무서리[19]를 맞으며 꽃을 피우는 단일식물이다. 이 때문에 국화는 꽃샘추위를 뚫고 꽃을 피우는 매화, 깊은 산중에서도 은은한 향기를 내는 난초, 추운 겨울에도 잎이 푸른 대나무와 함께 사군자四君子로 선비들의 사랑을 받았다.

19 가을에 처음 내리는 서리. 늦가을에 아주 되게 내리는 서리는 된서리다. '된'은 '몹시 심하거나 모질다'는 뜻으로 쓰인다.

해국

"한 송이 국화꽃을 피우기 위해 / 봄부터 소쩍새는 / 그렇게 울었나 보다…". 봄날 같은 청춘에 미당 서정주 시인의 '국화 옆에서'(1947년)를 읊은 감성은 꽃을 피우기 위해 봄부터 운 소쩍새의 간절함이었을까? 그러나 젊음의 뒤안길에서 마주한 꽃은 거울 앞에서 가을의 끝을 붙들고 선 누님 같은 국화였다.

그 국화는 과꽃으로 다시 태어났다. "누나는 과꽃을 좋아했지요 / 꽃이 피면 꽃밭에서 아주 살았죠". 한반도 북부에 자생하던 과꽃은 아동문학가 어효선이 쓴 동시에 곡을 붙인 동요 '과꽃'(1953년)으로 각인됐다. 18세기 프랑스 선교사가 유럽에서 개량해 우리나라에 다시 도입됐다. 접시꽃이 허리를 곧추

과꽃

세운 어머니가 아버지를 기다리는 꽃이라면, 과꽃은 시집간 누나를 그리워하는 동생의 꽃이다.

과꽃의 유래는 뭘까? '여자 머리에 꽂는 국화 모양 장식이 달린 뒤꽂이'를 국화판 혹은 과판이라 한다. 과꽃은 '국화를 닮은 꽃'[20]이다. 과꽃과 국화를 구별하기 어려운 까닭이다. '중국에서 전래한 국화'라는 뜻으로 당국唐菊이라고도 불렀다. 과부가 남편이 키우던 꽃을 소중히 가꿨다는 '과부꽃'에서 유래했다는 설은 '과'라는 글자 때문에 생긴 듯싶다.

20 김민수, 《우리말 어원 사전》, 태학사, 1997.

참취

과꽃을 꼭 닮은 아스타도 있다. 꽃차례가 별을 닮은 아스타는 '별'을 뜻하는 그리스어에서 유래한 이름이다. 아스타는 여러해살이 숙근초를 총칭하며, 영어로 '중국 별(China aster)'이다. 과꽃은 한해살이 아스타이며, 국화과에 들고 취나물 중 으뜸인 참취는 영어로 '한국 별(Korean aster)'이다. 이처럼 구별하기 어려운 꽃은 단연 국화과다. 과꽃, 국화, 아스타와 함께 들국화, 참취, 마거리트, 데이지까지 얽히고설켰다.

그것만이 내 세상, 들국화

벌개미취

개미취

꽃개미취

온갖 열매가 빨갛게 익어가는 계절이면 곳곳에서 들국화가 피어난다. 어감은 거친 들에서 온갖 역경을 딛고 피어난 국화 같지만, 구절초와 쑥부쟁이, 벌개미취, 산국, 감국처럼 들에서 피는 국화를 총칭한다. 떡갈나무와 신갈나무 등을 뭉뚱그려 참나무라고 하듯이, 들국화도 꽃과 잎을 보고 구별하기란 언감생심이다.

우리나라 특산종 벌개미취의 학명은 *Aster koraiensis*, 영어로 '한국 데이지(Korean daisy)'다. 개미취는 꽃대에 개미가 붙은 것처럼 작은 털이 있고 나물로 쓰인 데서, 혹은 작은 털이 '연줄에 먹이는 유리나 사기 가루'를 뜻하는 개미와 비슷한 데서

쑥부쟁이

미국쑥부쟁이

청화쑥부쟁이

까실쑥부쟁이

유래한다. 벌개미취는 벌판에 흔한 개미취다. 곁가지를 내서 꽃을 피우는 개미취와 달리, 벌개미취는 두세 가지에 한 송이씩 꽃을 피운다. 꽃이 만발한 꽃개미취도 있다.

벌개미취는 잎이 기다랗고, 쑥부쟁이는 피침모양 잎 가장자

섬쑥부쟁이

개쑥부쟁이

구절초

포천구절초

리에 톱니가 있다. 옛날에 동생들을 위해 쑥을 캐러 간 불쟁이(대장장이) 딸이 죽은 자리에 피었다는 전설에서 유래한 이름이다. 작은 꽃이 무리 지어 핀 미국쑥부쟁이와 보라색 꽃이 피는 청화쑥부쟁이도 흔하다. 까실쑥부쟁이는 잎이 까슬까슬하

한라구절초

산국

고, '부지깽이나물'이라고도 하는 섬쑥부쟁이는 어린순을 나물이나 부각으로 먹는다. 부지깽이나물은 부지기아초不知飢餓草(배고픔을 느끼지 않게 하는 풀)에서 유래한 이름이다.

구절초九節草는 음력 9월 9일(중양절)에 꺾어 약으로 쓴다고 해서 붙은 이름이며, 지역에 따라 다양하게 부른다. 꽃이 줄기 끝 꽃대에 하나씩 피고, 잎이 쑥처럼 갈라져서 비교적 구별하기 쉽다. 신선이 어머니에게 줬다는 선모초仙母草라고 할 만큼 손발이 차거나 월경 장애 등에 효과가 있다.

그나마 노란 산국山菊과 감국甘菊은 구별하기 쉽다. 야산에 피는 산국은 10원짜리 동전만 한 꽃이 다닥다닥 붙었다. 잎에서 단맛이 나는 500원짜리 동전만 한 감국은 국화차에 쓰인다. 안도현 시인은 '무식한 놈'(1998년)에서 쑥부쟁이와 구절초를 구별하지 못하는 자신을 나무라며 절교를 선언한다. 그렇지만 이 둘을 구별할 수 있다면 난놈이다. 대개 쑥부쟁이와 구절초를 만나면 밴드 들국화의 '행진'(1985년)이 입가에 맴돌 뿐이다. 밴드 이름은 해태제과 껌 '들국화'에서 아이디어를 얻었다고 한다. 한때 껌 종이를 우표처럼 수집한 '그것만이 전부인 작은 세상'도 있었다.

사루비아? 샐비어?

샐비어

블루세이지

핫립세이지

누구나 화단에 핀 꽃을 따서 꽁무니를 쪽쪽대며 빤 기억이 있는 사루비아는 일본식 표기다. 정식 명칭은 '치료'를 뜻하는 라틴어 살바레salvare에서 유래한 샐비어salvia다. 샐비어에는 사루비아로 부르던 샐비어(*Salvia splendens*)와 세이지(*Salvia officinalis*)가 있다. 특히 세이지는 종명 *officinalis*에도 '약효'라는 뜻이 있는 만병통치약으로, 아라비아 속담에 '세이지를 심은 집에는 죽는 사람이 없다'고 할 정도다. 항산화 성분이 많아 방부제로도 사용했다.

샐비어에서 '마법의 탄환'으로 불린 살바르산을 떠올린다.

파인애플세이지

멕시칸세이지

16세기 콜럼버스에 의해 전파된 것으로 추정되는 매독으로 베토벤, 링컨, 톨스토이 등 수많은 사람이 고통을 받거나 죽었다. 게다가 매독 치료제로 쓰인 수은 화합물은 부작용이 심각했다. 이후 매독 병원균 스피로헤타가 발견됐고, 화학요법의 창시자로 불리는 파울 에를리히가 비소화합물로 특정 병원균에만 작용하는 살바르산606을 합성했다. 최초의 항생제 페니실린이 발견되기 전까지 매독 치료에 쓰인 살바르산은 살바레salvare와 비소arsenic의 합성어로, 606은 '606번 시도한 끝에 성공했다'는 의미다.

타임

서향

일자산허브천문공원에서 다양한 세이지를 만났다. 보라색 블루세이지, 흰 바탕에 붉은 입술 같은 핫립세이지, 파인애플 향이 나는 파인애플세이지, 주홍 벨벳 같은 멕시칸세이지 등이다. 영화 〈졸업〉(1967년)의 오리지널사운드트랙으로 유명한 사이먼앤드가펑클의 '스카보로 페어Scarborough Fair'(1966년)에도 세이지가 나온다. 연인과 헤어진 남자가 스카보로 시장에 가는 친구에게 그곳에서 자신의 옛 연인을 만나거든 바늘땀 없이 셔츠를 꿰매거나, 그것을 마른 우물에서 씻는 등 불가능한 일을 해낸다면 다시 만날 수 있다고 전해달라는 내용이다. 후

돈나무

난초

렴구에 스카보로 시장에서 파는 파슬리, 세이지, 로즈메리, 타임(백리향)이 나온다. 그중에 세이지는 '세월이 흘러도 변치 않는 것'을 상징한다.

샐비어는 우리말로 '깨꽃' 혹은 '불꽃'이다. 깨꽃은 샐비어와 참깨의 꽃 모양이 비슷해서 붙은 이름이다. 그런데 깨꽃 하면 십중팔구 참깨 꽃을 떠올린다. 차라리 단맛 나는 '단깨꽃'이나 '꿀깨꽃'은 어떨까? 붉은색 '홍깨꽃'도 그럴듯하다.

백리향百里香은 '향기가 발끝에 묻어 100리까지 퍼진다'는 뜻이다. 그렇다면 충남 태안의 십리포 · 백리포 · 천리포 · 만리포

다정큼나무

배롱나무

해수욕장처럼 십리향, 천리향, 만리향도 있을까? 상서로운 향기를 풍긴다는 서향은 천리향, 제주 사투리로 '똥낭'이라 하는 돈나무는 만리향으로도 부른다. 십리향도? 군자답게 은은한 향을 내는 난초가 십리향이다. '꽃과 열매가 옹기종기 다정하게 피고 열린다'는 다정큼나무는 칠리향, 배롱나무는 오리향이다.

화학자 홍 교수의
식물 탐구 생활

겨울

나르키소스, 수선화

수선화

나팔수선화

나태주 시인의 '풀꽃'(2002년)처럼 자세히, 오래 보면 예쁘고 사랑스럽지 않은 풀꽃이 있을까? 특히 수선화水仙花는 첫눈에 반할 수밖에 없다. 얼마나 예뻤으면 물에 비친 자신의 미모에 반해 몸을 던진 자리에 피어난 꽃을 나르키소스라 불렀을까? 이처럼 자신의 외모와 능력을 과신하는 자기중심적 성향을 나르시시즘, 자기애自己愛라고 한다.

에코는 아름답지만, 그녀의 수다에 한눈팔다가 제우스의 불륜 현장을 놓친 헤라에게서 다른 이의 말만 따라 하도록 저주받은 님프다. 에코는 나르키소스를 사랑했으나, 물에 비친 자신에게 관심 있을 뿐인 그를 애타게 쳐다볼 수밖에 없었다. 슬픔을 견디지 못한 에코의 몸은 말라갔고, 결국 목소리만 남아 산을 떠돌았다. 그 소리가 바로 메아리, 에코echo다.

추사에게 수선화는 고독한 유배 생활의 벗이었다. 그는 들판과 맑은 물가에 핀 수선화를 '해탈 신선'에 비유하면서 "산과 들, 밭둑 사이에 흰 구름처럼 질펀하게 깔려 있으며 파내고 파내도 다시 돋아나 제주 사람들은 원수 보듯 한다"고 친구 권돈인에게 보낸 편지에 썼다. 제자리를 찾지 못한 수선화에서 자신의 처지를 떠올렸을까?

수선화에는 나팔 모양 덧꽃부리[1]가 돋보이는 나팔수선화, 흰 꽃잎 위 노란 덧꽃부리가 술잔을 닮은 금잔옥대(거문도수선화), 겹꽃인 제주수선화 등이 있다.

제주에서 수선화가 흔한 곳은 추사의 유배지 대정읍, 내가 다닌 신창초등학교가 있는 한경면 일대다. 추사 유배 당시 한양에서는 수선화를 선물로 주고받는 것이 호사가의 자랑거리였다. 사신이 "연경에서 수선화를 구하려면 값을 따질 수 없었

1 꽃잎과 수술 사이나 꽃잎과 꽃잎 사이에 생겨난 작은 부속체로 '부화관'이라고도 한다. 꽃잎처럼 생겼으며, 그 형태에 따라 다양한 품종이 있다.

털머위

유리오프스

다"라고 할 정도였다. 이 때문에 수선화는 사치품으로 수입을 금했지만, 비바람이 일상인 제주에서는 추수 후 보리갈이 전에 제거할 잡초에 불과했다.

흰 구름처럼 질편하던 수선화. 그러나 지금은 동아시아가 원산인 털머위, 지중해가 원산인 유리오프스, 아프리카가 원산인 태양국(훈장국화) 등이 길가에서 각자 영토를 넓혀가고 있다. 유리오프스는 '커다란 눈〔目〕'이라는 뜻으로, 꽃이 눈 모

태양국

양인 데서 유래한 이름이다. 태양국은 낮에 펼친 꽃잎을 저녁에 접는다. 이들은 이름부터 열대의 후끈한 열기가 전달된다. 아쉬움에 추억을 더듬어 찾은 신창초등학교와 재릉초등학교, 폐교를 개조한 카페 '명월국민학교'에는 여전히 제주수선화가 곳곳에 피었다.

하늘의 별이 된 천남성

천남성 열매

큰천남성

낙엽 사이로 도깨비방망이처럼 불쑥 솟아오른 열매가 눈에 띈다. '남쪽 하늘의 별', 천남성天南星이다. 꽃잎이 별처럼 반짝이는 것도 아닌데 왜 천남성일까? 천남성은 약재로 쓰는 덩이줄기의 약성이 극양極陽이어서, 양기가 가장 강한 남쪽 별에 빗댄 이름이다. 우리나라의 남쪽에서 가장 밝은 별은 카노푸스다. 지구와 8.7광년 떨어진 시리우스보다 훨씬 밝지만, 지구와 310광년 떨어져 두 번째로 밝게 보이며 제주에서 관측된다. 예부터 이 별을 보면 무병장수한다고 노인성老人星이라 했다.

천남성이 드라마 〈슈룹〉(2022년)에 등장했다. 슈룹은 '우산'의 옛말로, 소현세자에게 원손이 있었는데도 그의 사후 봉림대군이 왕위에 오른 것을 모티프로 한 퓨전 사극이다. 세자 자리를 놓고 벌이는 궁중 암투에서 중전이 대비에게 보낸 작은 상자에 담긴 경고의 메시지가 바로 천남성이다.

맹독성 물질이 든 천남성은 부자, 비상, 협죽도와 함께 사약의 재료로 썼다. 야사에 따르면 지밀[2]나인에서 중전의 자리에 오른 장희빈이 받은 사약도 천남성이다. 사극에서 장희빈이 사약이 든 사발을 발로 걷어차자, 분노한 숙종이 명한 대사는 지금도 오르내린다. "한 사발 더 부으라!" 장희빈은 결국 피를 토하며 죽는다.

하지만 실제로 사약을 마시자마자 피를 토하며 죽진 않는다. 사약의 효능은 재료와 제조법, 사람에 따라 달랐으며, 흡수 과정에서 위산과 간의 해독 작용으로 독성이 약해지기도 한다. 천남성의 덩이줄기는 생강즙으로 독성을 제거한 뒤 이독공독以毒攻毒[3]의 약재로도 썼다. 이 때문에 사약을 마시고 고열과 구토, 어지러움으로 고생하다가 죽기도 했다. 문정왕후

2 대전이나 내전 등 임금이 늘 거처하는 곳을 이르던 말. '지극히 은밀하고 비밀스럽다'는 뜻이다.

3 독을 없애기 위해 다른 독을 씀.

가 국정을 농락한다는 양재역벽서사건(1547년)으로 사사된 임형수는 사약을 탄 독주를 여러 잔 마셔도 죽지 않자, 종이 울면서 안주를 내왔다. 결국 그는 교수형에 처했다. 경종의 세자 책봉을 반대한 우암 송시열은 사약이 빨리 흡수되도록 입천장에 상처를 내기도 했다.

사약賜藥은 '임금이 내린 약'이다. '사람의 몸은 부모에게서 받은 것이니, 이것을 훼손하지 않는 것이 효의 시작이다(신체발부身體髮膚 수지부모受之父母 불감훼상不敢毁傷 효지시야孝之始也)'라는 유교 사상에 따라 부모에게서 받은 몸을 보존할 수 있도록 임금이 내리는 마지막 배려다. 사약을 받는 이의 심정은 어땠을까? 도덕 정치를 꿈꾼 조광조는 장희빈과 달리 순순히 사약을 받았다.

임금의 마지막 배려로 사약을 받은 사람들. 천남성은 하늘의 뭇별처럼 얽히고설킨 이 땅의 수많은 인연과 악연을 천천히 고통스럽게 끊어낸 독초다.

펄 벅의 살아 있는 갈대

갈대

강가나 호숫가 습지에 흔한 갈대는 '대나무와 비슷한 갈색 풀'이다. 갈대와 억새도 진달래와 철쭉처럼 구별하기 어려운데, 갈대는 민물과 바닷물이 만나는 기수 지역에 자생한다. 미나리와 함께 대표적인 수질 정화 식물이며, 순천만과 안산갈대 습지가 갈대로 유명하다.

철학자 파스칼은 수상록 《팡세》에 "인간은 자연에서 가장 약한 하나의 갈대에 불과하다. 그러나 생각하는 갈대다"라고 썼다. 이는 성경에서 바벨론 포로로 잡혀간 이스라엘 백성을 지칭하는 '상한 갈대'와 '꺼져가는 심지'에서 유래한다. 작곡가 베르디의 오페라 〈리골레토〉(1851년)[4]에서도 '여자의 마음La donna è mobile'은 바람에 날리는 갈대다. 원곡은 "바람에 날리는 깃털처럼 가벼운 여자의 마음"이라는 가사로 시작한다.

이처럼 갈대는 사색하고 방황하는 우리 모습을 나타낸다. 실제로는 억새가 갈대보다 바람에 잘 흔들린다. 그런데 왜 갈대라고 했을까? 갈대는 전 세계 온대와 한대 지역에 분포하고, 억새는 동아시아에서 자라기 때문이다.

놀랍게도 《대지》(1931년)로 노벨 문학상을 받은 펄 벅 여사는 독립운동을 지원한 유한양행의 설립자 유일한 박사를 모티프로 《살아 있는 갈대》(1963년)를 집필했다. 태평양전쟁 당시 펄 벅 여사는 미 국무부의 중국 담당 고문, 유일한 박사는 대한민국 담당 고문이었다. 그 인연으로 1882년부터 1945년 해방 후 미군이 한반도에 진주하기까지 한국 근대사 격동기에 산 양반 가족 4대의 이야기를 쓴 것이다. 미국에서 출판하자마자 베스트셀러가 됐으며, 〈뉴욕타임스〉는 "펄 벅 여사가 한국에 보내는 애정의 선물"이라고 표현했다.

억새는 잎 가장자리에 손을 베기 일쑤라 '억센 풀(새)'이라고

4 빅토르 위고의 희곡 《왕은 즐긴다》를 기초로 작곡한 오페라. 꼽추이자 광대 리골레토의 딸 질다는 방탕아 만토바 공작에게 순결을 빼앗긴다. 리골레토는 복수를 맹세하지만 결국 질다가 죽는다.

억새

무늬억새

붙은 이름이다. 가요 '짝사랑'(1936년) 가사 중 "으악새 슬피우니 가을인가요"에서 으악새가 억새라는 둥, 왁새(왜가리)라는 둥 의견이 분분했다. 훗날 작사가는 고향 뒷산에서 우는 새라고 해서 논란을 끝냈다.

태조 이성계의 무덤 건원릉은 잔디 대신 억새를 덮었다. 《인조실록》에 따르면, 왕자의난(1398년, 1400년)으로 왕위에 오른 태종 이방원이 보기 싫어 함흥으로 가버리기도 한 태조는 함흥에 묻어달라고 유언했다.[5] 자신의 정통성을 유지하고 제사를 모셔야 하는 태종은 유언에 따를 수 없었다. 이에 함흥의 흙과 억새를 가져다 봉분을 조성했다.

5 야사에 따르면 태조의 환궁을 권유하려고 함흥으로 보낸 차사가 돌아오지 않자, '한 번 가면 돌아오지 않거나 소식이 없다'는 함흥차사가 생겨나기도 했다.

제브라억새

물대

갈대와 억새는 어떻게 구별할까? 갈대는 주로 물가에서 2미터 이상 자라고, 속이 비어 빨대나 호드기를 만들기도 했다. 억새는 속이 차 있고, 산이나 비탈에서 잘 자란다. 갈대는 꽃이 자줏빛을 띤 갈색이고, 억새는 은빛이다. 갈대는 머리를 풀어 헤친 떠꺼머리총각처럼 투박하지만, 억새는 머리를 단정하게 빗은 아낙네처럼 가지런하다.

'상한 갈대' '생각하는 갈대' '살아 있는 갈대' 그리고 은빛 억새. 펄 벅 여사는 부천에 소사희망원을 세워 전쟁고아와 혼혈아 등 2000여 명을 보살폈다. 소사희망원 부지와 건물을 기증한 사람은 유일한 박사다. 비록 소사희망원은 없어졌으나, 2006년 부천에 그녀의 헌신과 희생을 기리는 펄벅기념관을 세웠다. 미국 다음으로 한국을 사랑한다는 유서를 남긴 펄 벅 여사는 살아 있는 갈대가 되어 우리와 인연을 이어가고 있다.

선물, 산세비에리아

산세비에리아

청탁금지법(김영란법)이 시행되기 전에는 명절이나 스승의날, 빼빼로 데이에도 선물을 받곤 했다. 어느 해 스승의날, 교탁이 텅 비었다. 서운함에 꼰대가 되고 말았다. "스승의날인데 커피 한 잔 없네…." 두 학생이 슬그머니 뒤로 빠져나간다.

잠시 후, 그들은 아메리카노와 손바닥만 한 케이크를 가지고 돌아왔다. 학생들은 꼰대의 '갑질'을 그렇게 받아줬다. 강의가 끝나고 학생들과 중국집으로 향했다. 엎드려 절 받은 대가다. 당시에는 받고 싶은 선물을 물으면 짜장면과 짬뽕을 고르듯 고민했지만, 지금은 주저하지 않고 화분을 든다. 그 마음을 알았을까? 졸업생이 실린드리카 산세비에리아[6]를 보냈다.

산세비에리아는 '남아공 식물학의 아버지' '일본의 린네'라 불리는 스웨덴의 식물학자 칼 페테르 툰베리[7]가 후원자인 산 세베로의 왕자, 라이문도 디 산그로를 기리기 위해 붙인 이름이다. 잎에 녹색과 연두색 줄무늬가 있어 영어로 '뱀풀(snake plant)'이다. 잎끝이 날카로워 '장모님의 혀(mother-in-law's tongue)'라고도 한다. 미국에서 장모는 잔소리 많은 이미지로, 사위와 견원지간[8]이다. 이를 풀기 위해 10월 넷째 일요일을 장모의날로 지정할 정도다. 우리나라에서 '며느리 사랑은 시아버지, 사위 사랑은 장모'다. 오죽하면 '장모는 사위가 곰보라도 예뻐하고 시아버지는 며느리가 뻐드렁니에 애꾸라도 예뻐한다'는 속담이 있을까?

6 대나무 막대 같은 스투키 산세비에리아는 실린드리카 산세비에리아 줄기를 잘라서 꽂은 것이다. 새순은 원래대로 부채를 펼친 형태로 난다.

7 《타임》 '올해의 인물'에 최연소로 선정된 환경운동가 그레타 툰베리가 그의 후손이다.

8 개와 원숭이처럼 사이가 나쁜 관계를 일컫는다. 《서유기》에서 이랑진군이 천계의 골칫거리 손오공을 잡으러 가서 개를 풀어 원숭이들을 공격한 데서 유래한다.

스투키 산세비에리아

산세비에리아는 대표적인 공기 정화 식물이다. 식물은 대부분 낮에 기공을 통해 들어온 이산화탄소로 광합성을 한다. 하지만 산세비에리아는 건조한 환경에서 수분 손실을 최소화하려고 밤에 기공을 열어 흡수한 이산화탄소를 말산[9] 형태로 저장했다가, 낮에 분해해 광합성을 한다. 선인장, 돌나물 등 다육식물[10]도 같다.

생명력이 강한 산세비에리아는 여름에 햇빛이 잘 드는 곳에서 물을 많이 주고, 겨울에는 그늘에서 물을 조금 주면 잘 자

9 사과, 포도, 자두, 살구 따위의 덜 익은 과실에 있는 유기산.

10 건조한 기후에 적응하기 위해 줄기나 잎, 뿌리에 물을 저장하는 식물.

란다. 그러나 물의 양을 조절하기가 쉽지 않다. 물이 많으면 뿌리가 썩고, 적으면 말라 죽는다. 대부분 실내에서 기르기 때문에 물은 한 달에 한 번 정도 주면 무난하다. 산세비에리아는 전자파 차단 효과와 공기 정화 능력이 커서 새집증후군[11]을 줄이는 데 인기다.

강한 전자파에 장기간 노출되면 인체 내에 형성된 유도전류가 호르몬 분비 체계나 면역 세포에 영향을 미칠 수 있다. 전자파는 어떻게 차단할까? 수분이 많은 음식을 전자레인지에서 데우는 원리와 같다. 음식에 마이크로파를 가하면 이를 흡수한 물 분자가 방향을 앞뒤로 바꾸면서 마찰로 열이 발생한다. 줄기에 물이 많은 다육식물도 전자파를 효과적으로 흡수한다. 그보다 확실한 방법은 전자 제품과 1미터 이상 떨어져 있는 것이다. 전자파는 거리에 따라 급격히 감소하기 때문이다.

11 새로 지은 건물에서 배출되는 물질로 발생하는 병적인 증상. 건축자재의 폼알데하이드, 휘발성 유기화합물, 곰팡이에서 배출되는 오염 물질 등이 원인이다.

당근마켓에는 당근이 없다

당근 꽃

흩날리는 눈발에 귤을 따서 나르고 돌아오는 길, 밭에 꽃이 우거졌다. "저거 무슨 꽃이꽈?" "게메이~." 당근이다. 홍당무로도 부르는 당근唐根은 '중국에서 온 뿌리채소'라는 뜻이다. 일본에서는 당근이 처음 전래했을 때 인삼과 모양이 비슷해 미나리인삼이라 부르다가 차츰 인삼으로 바뀌었고, 진짜 인삼은 고려인삼으로 표기한다. 그냥 인삼이라고 적힌 것은 당근이다. 잘게 찢어진 깃꼴겹잎이 뿌리에서 모여나며, 1미터까지 자란다. 각종 요리에 곁들이고, 말의 사료로 쓴다.

당근 하면 '보상과 처벌'을 뜻하는 '당근과 채찍'이 떠오른다. 당나귀는 말보다 작고 힘이 좋으나 고집이 센 탓에, 당근을 당나귀 입에 닿을락 말락 매달고 채찍질하는 묘안을 짜냈다. 이는 교육과 기업 경영에 널리 쓰였다. 스티브 잡스의 경영 십계명에도 '채찍보다 당근을 사용하라'가 있다. 과연 그럴까?

한 노인의 집 앞 빈터에 날마다 떠들며 노는 아이들이 있었다. 조용히 하라고 아무리 부탁하고 혼내도 소용없자, 노인은 며칠간 아이들에게 1만 원씩 줬다. 그 후에는 5000원, 며칠 더 지나서는 1000원 그리고 더는 돈을 주지 않았다. 그러자 아이들은 빈터에 모이지 않았다. 왜 오지 않느냐고 물으니 대답했다. "돈도 안 주는데 왜 거기서 놀아요?"

심리학에서 내적 동기와 외적 동기를 설명하는 예시다. 아이들이 원해서 놀던 내적 동기가 돈이라는 외적 동기로 바뀌었다가 사라진 것이다. 당근과 채찍 효과를 계속 얻으려면 강도가 점점 세져야 하는 '크레스피 효과'도 나타난다. 미래학자

대니얼 핑크는 “당근과 채찍은 인간의 창의성을 파괴한다”고 말한다. 지식 기반 사회에서는 단순 반복적인 일을 하던 과거와 달리, 내적 동기가 생산성과 효율성을 높인다는 것이다. 친절과 선행도 남을 의식하는 외적 동기보다 내적 동기에 따를 때 기쁨과 몸의 면역력이 높아지는 ‘테레사 효과’가 나타난다.

요즘 ‘당연하다’라는 뜻으로 쓰이기도 하는 당근은 ‘당연히 근거가 있다’의 줄임말이라는 설이 있다. 위치 기반 중고 거래 플랫폼 ‘당근마켓’을 떠올리는 사람도 많다. 왜 당근마켓일까? 친근하게 들려서일까? 당근마켓은 카카오 사내 게시판의 중고 물품 거래가 활발한 데서 아이디어를 얻은 ‘판교장터’가 시초다. 이후 전국으로 서비스를 확대하며 ‘당신 근처의 마켓’이라는 슬로건으로 붙은 이름이다. 당근마켓은 반경 6~10킬로미터 이내 거주자들과 직거래로 만족도와 신뢰도가 높다.

‘당근을 많이 먹으면 밤눈이 밝아진다’는 속설이 나온 계기는 전투기가 본격적으로 활약한 2차 세계대전 당시로 거슬러 올라간다. 영국과 독일은 공습과 치열한 공중전을 벌였다. 전쟁 초기에 독일은 야간 공습으로 큰 성과를 올렸지만, 차츰 독일기가 격추되는 일이 잦아졌다. 특히 캄캄한 밤에도 영국 전투기가 귀신처럼 독일기를 요격하자, ‘영국 조종사들은 당근을 많이 먹어서 밤눈이 밝다’는 소문이 퍼졌다. 영국이 레이더 탐지 기술을 감추기 위해 퍼뜨린 기만전술이다.

하늘의 별을 따다, 별꽃

별꽃

따사한 햇살 가득한 겨울날, 과수원으로 나섰다. 농부의 손길을 피해 나뭇잎 뒤에 꼭꼭 숨은 귤을 딴다. 아이들도 열심이다. 그러나 이내 '언제 끝날까?' 할머니 눈치만 살핀다. 새참 시간, 불 피울 마른 나뭇가지를 긁어모은다. 귤나무 아래 별꽃이 과수원을 뒤덮었다. 흰 꽃잎 다섯 장이 은하수처럼 맑고 영롱하다. 예전에는 별꽃을 햇볕에 말려서 가루 낸 다음 소금과 섞어

광대나물 꽃

양치질에 사용했다. 어린순은 나물로도 먹지만, 일 많은 농부에게 성가신 잡초일 뿐이다. 별꽃은 닭이 좋아해서 영어로 '병아리풀(chickweed)'이다.

광대나물이 별꽃과 땅따먹기라도 하듯 왕성하게 뻗었다. 울긋불긋한 꽃 모양이 광대를 연상시켜서 혹은 줄기에 돌아가면서 달린 잎이 옛날 벼슬아치들이 공무를 볼 때 입는 옷인 관대를 두른 것 같다는 '관대나물'에서 유래한 이름이다. 잎 모양 때문에 '코딱지나물'이라고도 부르며, 지혈제로 쓰인다.

광대나물은 생존 전략이 특이하다. 꽃은 꽃부리 모양에 따라

쇠별꽃

큰개별꽃

열린꽃과 닫힌꽃이 있다. 광대나물은 열린꽃 아래쪽 꽃잎의 자주색 반점으로 곤충을 유인해, 위쪽 꽃잎의 수술에 꽃가루를 묻힌다. 그런데 열린꽃은 속이 가늘고 깊어 곤충이 많이 모이지 않는다. 매개 곤충이 없으면 수술이 아래쪽 암술로 떨어지거나 닫힌꽃 안에서 제꽃가루받이한다. 광대나물도 제비꽃처럼 씨앗에 엘라이오솜이 있어 개미를 이용해 씨앗을 퍼뜨린다.

별꽃에서 알퐁스 도데의 단편 〈별〉(1869년)을 떠올린다. 보불전쟁(1870~1871년)에서 프로이센에 패한 프랑스가 알자스로렌 지방을 빼앗긴 시대를 배경으로 한 단편 〈마지막 수업〉

별꽃펜타스

(1871년)도 그의 작품이다.

'나'는 젊은 시절 뤼브롱산에서 양치기를 했다. 2주에 한 번 먹거리를 가지고 오는 아주머니에게 마을 소식을 들었지만, 주인집 스테파네트 아가씨 소식이 궁금했다. 어느 날, 식량을 가지고 온 사람은… 아! 스테파네트 아가씨였다. 아가씨는 짐을 꺼낸 뒤 산에서 지내는 이야기를 듣다가 서둘러 내려갔다. 그런데 아가씨가 소나기에 흠뻑 젖은 채 다시 올라왔다. 나는 아가씨에게 옷을 걸쳐주고 모닥불을 피워 아가씨와 함께 별을 바라봤다.

“별이 정말 많구나! 어쩌면 저렇게 아름다울까! 난 저렇게 많은 별을 본 적이 없어. 저 별들의 이름을 알아?” “물론이지요, 아가씨. 자 보세요! 바로 우리 머리 위에 있는 것이 성 제임스의 길(은하수)이에요. (…) 하지만 아가씨, 모든 별 중에서도 가장 아름다운 건 바로 목동의 별이에요. 그 별은 우리가 새벽에 양 떼를 내보낼 때, 저녁에 그들을 불러들일 때 우리를 비춰줍니다.”

내 이야기를 듣던 아가씨는 스르르 잠이 들었다. 밤하늘의 가장 빛나는 별 하나가 길을 잃고 내려와 내 어깨에 기댄 것이다.

며칠 뒤 어머니가 제초제를 친다고 하신다. 별처럼 사랑스러운 별꽃과 생존 전략이 독특한 광대나물은 말라버린 채로 잠시 숨을 멈출 것이다. 그런데 아무리 오랜 시간이 흘러도 황순원의 단편 〈소나기〉와 알퐁스 도데의 〈별〉은 잊히지 않는다. 다섯 갈래 꽃잎이 별처럼 보인다는 별꽃펜타스도 만났다.

언제 쓰자는 하늘타리냐?

하늘타리 열매

3300제곱미터(약 1000평) 남짓한 과수원에 묘목 심을 자리를 일일이 표시한다. 잠시 휴식, 주위를 둘러본다. 저 멀리 가시덤불 둔덕에 있는 앙상한 나뭇가지에 오렌지색 열매가 서너 개 달렸다. 돌담을 아슬아슬하게 타고 오른다. 지난여름 실타래를 말아 올린 것 같은 꽃술과 단풍처럼 갈라진 잎이 특이하던 하늘타리의 동그란 열매가 가느다란 줄기에 공중 부양하듯 매달렸다. 그래서 텅 빈 하늘을 타고 오르는 하늘타리일까?

박과에 드는 하늘타리는 덩굴성 여러해살이풀이다. 달맞이꽃처럼 밤에 흰 꽃을 피워 박각시나방 같은 야행성 곤충을 유혹한다. 이들이 불빛에 모여들기 때문에 하늘타리는 동네 주변에서 잘 자란다. 하늘의 식물이 밤에 핀다는 뜻으로 달〔月〕을 붙인 '하늘달이'에서 유래한 이름이다. 덜 익은 푸른 열매가 수박을 닮아 '하늘수박', 빛 좋은 개살구처럼 먹을 수 없다는 '개수박'이나 '쥐참외'라고도 한다.

'빛 좋은 개살구' '속 빈 강정'처럼 실속 없음을 나타내는 '허울 좋은 하늘타리'라는 속담이 있지만, 하늘타리는 항암효과가 뛰어나고 열매부터 뿌리까지 버릴 것 없는 약재다. 《동의보감》에는 천과天瓜(하늘이 내린 오이)로 소개한다. 제주에서는 하늘타리 열매를 방에 걸었는데, 귀신이 누구의 눈이 더 큰지 재다가 져서 도망갔다는 설화가 있을 정도로 동그란 열매가 특이하다.

홍만종이 병상에 있을 때 '고양이 목에 방울 달기' 같은 속담과 이전의 여러 가지 말을 기록한 《순오지》(1678년)에 다음과 같은 내용이 실렸다.

노랑하늘타리 꽃

노랑하늘타리

어떤 사람이 우연히 담에 좋은 하늘타리를 얻었으나, 어디에 쓰는지 몰라 벽에 걸어두기만 했다. 어느 날 집에 온 사람이 말했다. "당신은 담이 들었으면서도 왜 하늘타리를 걸어놓고 있소?" 주인이 반문했다. "이게 담 치료에 쓰는 거란 말이요?"

여기서 나온 속담이 어떤 물건이 있어도 용도나 사용법을 모를 때 '언제 쓰자는 하늘타리냐?'다. 어디 하늘타리뿐일까? 돈이 있어도 쓸 줄 모르고, 시간이 있어도 실행에 옮기지 못하며, 친구가 있어도 소중한 줄 모르고, 건강이 있어도 행복한 줄 모르는 우리 일상이 언제 쓰자는 하늘타리냐다.

열매를 따서 내려왔다. 어머니가 '하눌레기'라며 약으로 썼다고 하신다. 해가 지고 일을 마무리한다. 묘목 심을 일꾼 구하기가 어렵다기에 일손을 거들러 오겠다고 하니, 어머니 얼굴에 화색이 돈다. 반복되는 귀향길, 늘 마주하는 일상과 같은 순간이다.

저픈 배추흰나비

배추

허리가 불편한 어머니가 서울로 오셨다. 우리네 어머니가 대개 그렇듯 10여 년 전에 허리 수술을 받고도 밭일을 계속하시니 지금까지 버틴 허리가 용할 따름이다. 차 안에서 이런저런 말씀을 하신다. "올해는 농약을 덜 쳐서 귤에 응애가 번져 파치가 많고, 시금치는 작아도 먹을 만하고, 배춧속은 잘 앉았는데 그 주위에 나비들이 말도 못 하게 저퍼라."

배추에 저프게 앉은 나비는 석주명 선생이 그 애벌레가 배추를 잘 먹어 이름한 배추흰나비다. 그는 평양 출신으로 가고시마고등농림학교 재학 시절, "한 분야를 10년간 파면 그 분야의 전문가가 된다"는 지도 교수의 조언에 따라 한반도 나비를 연구해 생물분류학의 새로운 장을 연 나비 박사다. 1943년 경성제국대학 부속 생약연구소 제주도시험장에 근무한 경험을 바탕으로 《제주도 방언집》(1947년), 《제주도의 생명조사서—제주도 인구론》(1949년), 《제주도관계문헌집》(1949년) 등 '제주도 총서'를 발간한 제주학의 선구자이기도 하다.

배추흰나비는 배추, 무, 케일 등의 잎에 불룩한 기둥 모양 알을 낳는다. 여러 차례 탈바꿈을 거친 애벌레(배추벌레)는 번데기로 겨울을 나며, 봄에 날개가 돋아 나비가 된다. 배추벌레는 배춧잎을 먹어 치우지만, 배추흰나비는 꽃가루받이를 도우며 전 세계적으로 흔한 나비다.

배추벌레가 좋아하는 배추는 한자어 백채白菜에서 유래한다. 그러나 '중국배추'는 포기가 작고 귀해서 예전에는 무나 순무로 담근 깍두기나 나박김치가 대부분이었다. 우장춘 박사의 육

양배추

종 연구 덕분에 지금과 같은 배추가 됐다.

1950년 귀국한 우 박사는 일본에서 수입하던 무와 배추 종자를 개량하는 일을 시작했다. 잎이 크면서 아삭아삭하고 병충해에 강하며 속이 찬 오늘날과 같은 결구배추가 1954년에 탄생했다. 품질이 좋은 배추는 묵직하고 겉이 푸르며, 속이 노란 어린잎은 고소하고 맛있어 '사물의 핵심'을 뜻하는 고갱이라 부른다.

국제식품규격위원회는 2012년 우리나라 배추를 '김치배추

(Kimchi cabbage)'로 등재했다. 지중해 원산인 양배추cabbage는 바닷가에서 자라기 때문에 잎이 염분에 견딜 수 있도록 두껍다. 배추흰나비는 영어로 '양배추나비(cabbage butterfly)'다.

우리나라를 대표하는 김치. 이규보의 《동국이상국집》에 따르면 김치 담그기를 '염지'라 했다. 지는 '물에 담그다'라는 뜻이다. 조선 초에는 소금에 절인 채소를 숙성시킬 때 침지(액체에 담가 적심)에서 침채가 생겨났다. 이것이 딤채에서 구개음화로 김치가 됐다.

김치 하면 당연히 젓갈과 고춧가루로 버무린 배추김치를 떠올리지만, 예전의 김치는 달랐다. 고추는 임진왜란 후 우리나라에 도입됐다. 이전에는 주로 소금으로 간했으며, 18세기 후반부터 감칠맛 나는 젓갈을 사용했다. 젓갈의 비린 맛을 잡기 위해 쓴 산초나 초피 대신 재배하기 쉬운 고추를 넣으면서 지금의 배추김치가 됐다.

소금에 절인 채소는 어느 나라에서나 볼 수 있지만, 대개 사워크라우트(양배추를 절인 독일식 김치)처럼 단순하다. 김치는 어떻게 지금처럼 다양하게 발전할 수 있었을까? 한때 유학생들이 김치와 마늘 냄새 때문에 겪은 수난을 호랑이 담배 피울 적 이야기로 남긴 채, 'K-김치'의 인기는 그야말로 격세지감이 들게 한다.

멘델의 완두콩

완두 꽃

브로콜리

멀구슬나무 열매

과수원에서 돌아오는 길. 유채야 늘 보던 꽃이지만, 널따란 밭에 수확을 포기한 브로콜리가 농부의 타는 속마음을 외면한 채 노란 꽃을 활짝 피웠다.[12] 누런 열매가 듬성듬성 남은 멀구슬나무도 곳곳에 보인다. 그리고 급정거한다. 유전법칙의 주인공, 완두의 흰 꽃이다.

12 원래 브로콜리의 끝은 녹색 꽃이 뭉쳐 있는 것이다.

완두는 옥수수와 같이 주로 밥에 두거나, 각종 요리에 쓴다. 송편에도 팥소나 강낭콩으로 만든 백앙금 대신 완두콩을 푹 삶아 으깬 뒤 설탕을 섞은 앙금을 넣으면 훨씬 달콤하다. 완두콩은 콩나물처럼 발아시켜서 먹기도 한다. 그 과정에 당이 생겨 달큼하면서 아삭아삭하게 씹히는 맛이 좋다. 음식점에서 나오는 콩은 대개 풋콩이다.

소작농의 아들로 태어난 멘델은 자연과학자가 꿈이었다. 아버지의 사고 후 경제적인 이유로 신부가 됐지만, 학문에 대한 열정으로 자연과학과 통계학 등을 배웠다. 1866년 완두에서 우열이 뚜렷한 일곱 가지 대립형질[13]을 관찰해 《식물의 잡종에 관한 실험》을 발표했으나, 무명 과학자의 연구라는 이유로 철저히 무시당했다. 당시 생물학자들은 이 연구의 통계적인 의미가 얼마나 중요한지 몰랐다.

한참 뒤, 부모에게서 하나씩 물려받는 유전형질이 다음 세대로 전달되는 것을 연구하던 휴고 드 브리스가 멘델의 논문을 발견했다. 유전법칙이 빛을 보게 된 셈이다. 부모의 형질이 평균적으로 섞여서 자손에게 전달된다는 진화론은 세대가 내려갈수록 형질이 희미해진다는 단점으로 많은 공격을 받았다. 그러나 완두의 보라색 꽃과 흰색 꽃을 교배한 잡종 1대는 중간 색깔인 연보라색이 아니라 모두 보라색이었다. 게다가 잡종

13 씨의 모양과 색깔, 꽃의 색깔, 콩깍지의 모양과 색깔, 꽃의 위치, 줄기의 키.

1대끼리 교배하면 보라색과 흰색 꽃이 3 대 1 비율로 나타났다. 이는 보라색과 흰색 유전을 담당하는 개별 입자가 있다는 증거다. 이로써 진화론이 확고히 자리 잡았다.

유전법칙은 염색체[14]에 따른 것이라는 주장이 1902년에 제기됐다. 1915년 토머스 모건이 세대가 짧고 기르기 쉬운 초파리 연구에서 염색체가 유전형질을 전달하는 것을 증명하면서 고전 유전학이 정립됐다.

유전법칙은 우열의법칙, 분리의법칙, 독립의법칙으로 확립됐다. 우열의법칙에서 우성과 열성은 우등생과 열등생처럼 능력의 차이로 왜곡되지만, 이는 발현 빈도의 차이를 나타낼 뿐이다. 일본에서는 우성과 열성을 드러나는 성질인 현성顯性과 숨어 있는 잠성潛性으로, 변이를 다양성으로 표기한다. 유전정보가 변한 것이 아니라 다양한 것이기 때문이다.

생물 교과서에서나 보던 멘델의 완두. 그런데 왜 우성인 보라색은 없고 열성인 흰색만 있을까? 입시를 위해 그렇게 외우고 외웠건만 다시 현실의 벽에 마주했다. 모두 열성인 흰 꽃으로 품종을 개량한 완두일까?

14 세포핵 속에 있는 물질로, 아닐린 같은 시약에 염색이 잘돼서 붙은 이름이다.

장다리꽃 사촌, 유채 꽃

유채 꽃

무 꽃

갯무 꽃

산방산으로 나섰다. 따뜻한 날씨에 노란 꽃이 활짝 핀 유채밭은 나들이 인파로 북적인다. 입장료 1000원으로 유채밭을 '추억 쌓기 사진 터'로 제공한 아저씨가 올해는 꽃이 일찍 피었다고 한다. 이른 행운에서 "잠자리 날아다니다 장다리꽃에 앉았다"로 시작하는 동요 '잠자리'를 떠올린다.

잠자리 쉼터인 장다리꽃은 배추나 무 등의 껑충 자란 꽃줄기(장다리)에 피는 꽃을 말한다. 봄에 파종한 배추나 무는 김장에 쓰려고 꽃이 피기 전에 수확하기 때문에 장다리꽃을 보

청경채 꽃

기 어렵다. 씨에서 기름을 짜려고 가을에 파종한 유채는 봄에 장다리꽃이 핀다. 마찬가지로 씨앗을 얻기 위한 배추나 무, 웃자란 케일과 상추, 브로콜리도 저마다 장다리꽃을 피운다. 대부분 노란색이지만 갯가에서 자라는 갯무는 꽃이 흰색이나 연보라색이다.

유채油菜는 '씨에서 기름을 짜는 채소'에서 유래한 이름이다. 잎은 쌈 채소나 겉절이, 봄나물로 먹는다. 그러나 기름은 독성이 있고, 심장병과 동맥경화를 유발하기 때문에 대부분 공업용으로 썼다. 이에 캐나다에서 유전자 변형과 품종개량을 통해 식용이 가능한 카놀라CANOLA[15] 유채를 개발했다. 카놀라유는 식용유 가운데 콩기름 다음으로 많이 소비하며, 이를 알코올로 처리한 바이오디젤은 경유의 대체 연료로 연구 중이다.

유채꽃축제에서 사용하려던 유채가 제초제에 내성이 있는 유전자변형생물체Living Modified Organism, LMO 씨앗으로 재배된 것이 알려지면서 유채밭을 갈아엎는 사태가 발생하기도 했다. LMO는 유전자변형유기체Genetically Modified Organism, GMO와 혼용되지만, 그중에서도 '살아 있는' 것으로 생식이 가능하다. LMO 유채는 같은 십자화과의 배추, 갓 등과 이종교배로 생태계를 교란할 위험이 있다. 장다리꽃에서 바이오디젤과 LMO로 이어지는 산방산의 유채 꽃은 낭만과 첨단 과학의 경계를 넘나들었다.

5월 난지천공원에서 팻말은 유채지만 아무리 봐도 유채와 다른 꽃을 만났다. 키가 작고, 꽃 피는 시기도 다르다. 잎과 줄기가 짙은 녹색인 청경채青梗菜였다.

15 공업용 기름인 유채의 이미지를 벗기 위해 캐나다 유채학회에서 만든 Canadian Oil, Low Acid의 약어.

일상의 부채선인장(백년초)

부채선인장 꽃

내게는 일상이지만 누군가에게는 새로운 경험일 수 있다. 100가지 병에 효능이 있어서 백년초百年草 혹은 '손바닥선인장'이라고도 하는 부채선인장 역시 그렇다. 제주를 찾는 관광객에게는 낯설지만, 내게는 일상의 풍경이다. 선인장仙人掌은 '줄기 모양이 신선의 손바닥과 같다'는 뜻이다. 멕시코가 원산인 부채선인장은 쿠로시오해류를 타고 제주 서쪽 해안으로 밀

부채선인장 열매

려와 군락을 이뤘으며, 천연기념물(제주 월령리 선인장 군락)로 지정됐다. 왜 하필 삭풍이 휘몰아치는 그곳이었을까?

초등학생 때 대청소하는 날이면 복도는 양초를 칠해 마른걸레로 윤이 나게 닦고, 유리창은 신문지를 구겨 반질반질하게 문질렀다. 곳곳에 난 풀을 뽑은 뒤에는 싸리비를 어깨에 걸치고 부채선인장이 듬성듬성한 마을 입구로 갔다. 해안도로가 개발되면서 지금은 많이 사라졌지만, 부채선인장은 해안에 흔했다. 먹음직한 자줏빛 열매는 고사리손에 금단의 열매였다. 솜털 같은 잔가시에 찔리면 빼내기 어려워 고통이 심했다.

부채선인장은 초콜릿보다 훨씬 먼저 딸기맛우유에 쓰였다. 14~16세기 멕시코의 아즈텍족은 선인장에 기생하는 연지벌레(깍지벌레)를 갈거나 짓이겨서 천연염료를 얻었다. 이것이 딸기맛우유나 햄 등을 붉게 착색하는 코치닐이다. 벌레라는 어감 때문인지 TV 프로그램에서 "코치닐의 주성분은 카민산으로 산도에 따라 색상이 변한다. 중성에서는 분홍색, 산성에서는 주황색, 알칼리성에서는 보라색을 띤다. 즉 '못 믿을 물질'이라는 뜻이다"라며 부작용을 제기하기도 했다. 비과학적인 내용을 과학이라는 이름으로 포장한 전형이다.

카민산이 산도에 따라 색깔이 달라져서 믿을 수 없다면, 포도나 적채(적양배추), 검은콩, 카레도 믿을 수 없을까? 이런 경우는 1997년 14세 소년 네이선 조나가 수행한 '우리는 얼마나 잘 속는가?' 프로젝트에서 잘 드러난다. 그는 일산화이수소의 사용에 대해 다음과 같은 설문을 실시했다.

_ 일산화이수소는 하이드록시산으로 불리며, 산성비의 주성분이다.
_ 온실효과, 화상, 지형의 침식 등을 일으킨다.
_ 금속을 부식시키고, 합선의 원인이 된다. 말기 암 환자의 악성종양에서도 검출된다.

_ 이런 위험에도 일산화이수소는 공업용 용매와 냉각제로 쓴다.

_ 원자력발전소, 방화제, 잔인한 동물실험과 살충제 살포에 사용한다.

그 결과는 사용을 금지해야 한다는 것이다. 그러나 일산화이수소는 물(H_2O)을 화학식 명명법으로 표기한 것이다.

부채선인장은 당뇨병 예방과 다이어트 효과로 주목을 받으며 많은 농가에서 재배한다. 남해에서는 부채선인장 뿌리에 사포닌이 많고 인삼 같다고 '태삼 선인장' 혹은 '추위에 강한 천년초'라고도 한다.

빗자루를 어깨에 걸치고 마냥 신난 조무래기들이 부채선인장을 흘기며 마을 어귀까지 나간 곳은 제주에서 바람이 가장 세게 불어 한경풍력발전소가 있는 한경면 해안이다. 그래서 부채선인장이 그리로 흘러들었을까? 서울숲 곤충식물원에서 만난 부채선인장에는 '보검선인장' 팻말이 붙어 있었다. 국가표준식물목록에 등록된 이름이다. 최근에는 월령리 부채선인장을 '해안선인장'으로, 서귀포시 보목동 일대에 서식하는 '왕선인장'을 부채선인장으로 부른다.

삼겹살과 고사리

풀고사리

예부터 제주에서는 흑돼지 삼겹살에 고사리를 먹었다. 삼겹살 기름에 볶은 고사리로 고기를 감싸서 젓갈에 찍어 입에 넣으면 그 맛과 향이 일품이다.

고사리는 홀씨로 번식하는 고사리속 양치류를 총칭한다. 양치羊齒는 '양 이빨처럼 갈라진 잎 모양'에서 유래한 이름이다. 고사리는 익히거나 말려서 혹은 소금에 절여서 먹지만, 소를 비롯한 가축은 먹지 않는다. 고사리에는 비타민 B_1 분해 효소가 있어, 물에 삶아 쓴맛과 함께 제거해야 한다. 《동의보감》에 고사리가 양기를 떨어뜨린다는 기록이 있는데, 고사리를 생으로 혹은 많이 먹어서 비타민 B_1의 과다 분해에 따른 각기병 증상으로 추측한다.

고사리는 굽을 곡曲에 '국수, 새끼, 실 따위를 동그랗게 포개어 감은 뭉치'를 뜻하는 사리를 합친 이름이다. 고사리가 유명한 나라는 뜻밖에 뉴질랜드다. 10미터까지 자라는 나무고사리와 나라 새 키위는 뉴질랜드의 상징이며, 돌돌 말린 고사리 잎이 아기 손처럼 펼쳐지는 모양은 새 생명의 탄생을 나타낸다. 사마천이 쓴 《사기》 〈열전〉에 불사이군不事二君의 상징인 백이숙제의 고사리 전설이 있다.

은나라의 제후국인 고죽국 왕 묵태초는 세 아들이 있었다. 맏이가 백이, 막내가 숙제다. 왕이 숙제에게 왕위를 물려주려 했으나, 그는 도리가 아니라며 백이에게 양보했다. 백이가 아버지의 뜻이라며 피신하고 숙제도 따라가자, 둘째 아빙이 왕위를 이었다. 이리저리 떠돌던 백이숙제는 같은 제후국인 주

나무고사리

고비

나라 무왕이 상국 은나라를 치려는 것을 말렸다. 그러나 무왕은 반정에 성공했고, 백이숙제는 천도를 거스른 주나라의 곡식을 먹지 않겠다며 수양산에 들어가 고사리를 캐 먹다가 굶어 죽었다. 유가에서는 이들을 청절지사清節之士라며 크게 높였다.

그러나 중국의 대문호이자 공산주의 혁명가들의 정신적 지주 루쉰은 《고사신편》(1936년) 〈고사리를 캐다〉에서 백이숙제를 위선자로 폄하한다. 그에게 백이숙제는 청절지사가 아니라 백성의 고통을 외면하고 국운이 다한 은나라에 충성하는 어리석은 자들일 뿐이다.

도깨비고사리

보스턴고사리

두 사람은 배가 고팠다. 그들은 날마다 고사리를 뜯어 탕과 죽을 끓여 먹었다. 그러나 수양산 고사리도 주나라 것이라는 말에 식음을 전폐하고, 이를 안타깝게 여긴 옥황상제가 암사슴을 보내 그 젖으로 살린다. 백이숙제는 기력을 회복하자 암사슴을 잡아먹으려 했다. 노한 옥황상제는 암사슴을 하늘로 불러올렸고, 고사리도 암사슴의 젖도 먹을 수 없게 된 그들은 굶어 죽었다.

고비는 순이 줄기 끝에 외가닥으로 돌돌 말리고, 한 뿌리에서 여러 줄기가 나온다. 고사리는 끝이 말리고, 한 뿌리에서

관중고사리

나온 줄기가 여러 가닥으로 나뉜다. 꽃 피는 4월, 고사리 장마[16]가 시작하면 제주에서는 한라산청정고사리축제가 열린다. 중산간 지대의 목장과 오름은 고사리를 꺾는 인파로 북적인다. 고사리 삼겹살에서 왕위를 고사固辭하고 수양산 고사리로 연명하다가 고사枯死한 백이숙제로 이어진다.

16 고사리 채취를 시작할 즈음 지는 장마.

파초의 꿈

파초

안산 대부도의 구봉도낙조전망대를 찾아 나선 길에 바다향기 수목원에 들렀다. 찬 공기에 꽃 한 송이 없어도 여유롭다. 온실에 들어서니 잎이 커다란 파초가 반긴다. 파초는 쌍둥이 듀엣 수와진으로 각인된 풀이다. 1987년 '새벽 아침'으로 혜성처럼 등장한 그들은 가요대상 신인상을, 1988년 '파초'로 좋은노

부채파초

랫말대상과 올해의가수상을 받았다. '파초'는 작사가 이건우가 가장 사랑하는 곡이기도 하다. 노랫말에 "하늘을 마시는 파초의 꿈을 아오 / 가슴으로 노래하는 파초의 뜻을 아오"라는 부분이 나온다. 하늘을 마시는 파초의 꿈과 가슴으로 노래하는 파초의 뜻은 무엇일까?

주로 남부 지방에서 자라는 파초는 바나나와 비슷하지만, 결실성이 떨어지고 열매가 작아서 먹을 수 없다. 잎 싸개[17] 여러 장으로 된 가짜 줄기에서 꽃대가 나와 황백색 꽃이 핀다. 넓은 잎으로 비를 막고 햇빛을 가려 그늘을 제공한 풀이다. 파초의 꿈과 뜻은 여행길의 나그네를 위한 삶이었을까?

파초는 혹한에 말라 죽은 것 같다가도 봄이면 새순을 틔우고, 불에 타도 남은 속심으로 되살아난다. '파초도'는 당쟁에 희생되는 선비를 안타까이 여긴 스승이 제자에게, 선배가 후배에게 어떤 역경에도 기사회생하라는 뜻을 담아 선물했다. 문인은 파초의 커다란 잎이 신선 같다고 선선扇仙이라 불렀으며, 당의 명필 회소는 파초 1만여 그루를 심고 잎에 글씨를 연습했다.

시화방조제 왼쪽은 인천, 오른쪽은 안산이다. 정열과 욕망 속에 지친 나그네가 되어 도시의 조명이 바닷물에 일렁이는 시화호를 가로질러 파초의 꿈을 좇는다.

한참 뒤, 제주 한림공원에서 부채파초를 만났다. 잎이 부채를 닮았고, 원산지 마다카스카르에서는 20미터까지 자라며 그 모양이 압권이다. '잎자루 아랫부분에 고인 빗물이 여행자의 갈증을 풀어준다'고 한자어로 여인초旅人蕉다. 고단한 여행자를 위한 쉼터, 여인숙인 셈이다. 영어로는 '여행자의 나무(traveler's tree)'다.

17 잎 하단부에서 줄기를 둘러싸는 부분으로, 엽초(葉鞘)라고도 한다. 벼나 보리, 옥수수 같은 화본과 식물에 많다.

바이오에탄올과 부들

부들 열매이삭

연, 수련, 마름, 개구리밥, 부처꽃, 네가래, 자라풀, 부레옥잠, 물옥잠 등 연못이나 습지에 흔한 수생식물 중에 부들이 가장 눈길을 끈다. 처음 만나는 사람은 "웬 소시지야?"라며 부들 열매이삭을 신기하게 바라본다.

부들은 꽃가루받이할 때 부들부들 떨어서 혹은 잎이 부드러워서 붙은 이름이다. 위쪽 수꽃과 아래쪽 암꽃이 가루받이하면 수꽃은 흔적만 남고 암꽃은 갈색 열매가 된다. 그리고 툭 터지며 하얀 솜털을 단 씨앗이 주전자에서 끓는 수증기가 공기 중으로 날아가듯이 바람을 타고 허공으로 퍼진다.

부들은 수질을 정화하고, 여러 생물에게 서식지를 제공한다. 돗자리와 거적, 도롱이, 짚신, 초가지붕에 쓰며, 솜털은 방한복과 이불, 방석에 사용했다. 최근에는 옥수수나 사탕수수 등 곡물을 발효시켜서 얻은 바이오에탄올의 원료로 연구하고 있다. 화석연료와 달리 환경오염 물질이 생기지 않고 온실가스 배출도 적은 친환경 신재생에너지다. 바이오디젤은 식물성 · 동물성 기름으로 만들며, 경유와 유사한 연료다.

세상에 공짜는 없다. 바이오에탄올을 얻으려고 소모하는 에너지와 이들을 재배할 경작지를 확보하기 위한 열대우림의 훼손 등을 고려하면 온실가스 절감은 역효과일 수 있다. 옥수수를 바이오에탄올 생산에 쓰면서 사료용 옥수수와 유제품, 육류의 값이 연쇄적으로 상승하고, 콩 경작지 감소에 따른 제삼세계 식량 문제가 심화한다. 생활의 편리를 위해 식량을 태우는 것에 대한 윤리적인 문제도 있다.

그래도 바이오에탄올의 위치는 굳건하다. 미국 대선 후보 예비 경선을 옥수수가 주산업인 아이오와주[18]에서 시작하니, 정치인은 그들의 표를 의식할 수밖에 없다.

우리 삶은 풍요로워지고 있지만, 에너지를 얻기 위한 노력은 갈수록 치열하다. 어디서나 구할 수 있는 땔감에서 거대 자본에 의한 석탄과 원유 채굴을 거쳐 전쟁과 방사능 공포가 상존하는 원자력 에너지로 나아갔다. 그리고 달과 화성을 미래 에너지원으로 활용하기 위해 천문학적인 비용을 들여 우주개발에 뛰어들고 있다.

어느 화학제품 회사가 아프리카 부족에게 화학비료를 줬다. 대풍작이었다. 농부들이 지혜로운 추장에게 말했다. "추장님, 작년보다 두 배나 많은 곡식을 거뒀습니다. 어떻게 할까요?" 추장이 잠시 생각하다가 말했다. "내년에는 밭을 절반만 갈아라."

생명 농업 실천가, 환경 운동가 피에르 라비의 삶과 사상이 담긴 《농부 철학자 피에르 라비》(2007년)에 나오는 예화다. 그에게 지속 가능한 성장이란 지구가 만신창이가 되도록 화석에너지를 마구 사용하며 발전하는 게 아니라, 삶의 패러다임을 마이너스 성장으로 바꾸는 것이었다.

과연 농부들은 추장이 말한 대로 밭을 절반만 갈았을까? 그렇지 않았을 것이다. 추장은 지혜롭지만, 화학비료를 사용해

18 미국 대통령 선거에서 처음으로 대의원을 선출하는 아이오와 코커스는 전체 대의원의 1퍼센트에 불과하지만, 선거의 풍향계 역할을 한다.

곡식을 두 배나 수확한 농부들의 마음은 되돌릴 수 없는 욕망으로 채워졌기 때문이다. 그 결과는 화학제품 회사에 예속된 농업이었다. 인류의 지속 가능한 생존은 탈원전, 탈탄소, 신재생, 우주개발보다 이를 넘어선 '탈욕망'으로 나아가는 교육과 철학이 먼저다.

아스파라거스와 콩나물

아스파라거스

아스파라거스는 300종이 넘는다. 그중에서 관상용 아스파라거스는 얼핏 보면 고사리 같지만, 백합과 여러해살이풀로 덤불처럼 자란 잎을 감상하기 좋다. 가지가 변형된 잎은 수분 증발을 막기 위해 퇴화했다. 여러 포기를 함께 묶으면 빗자루와 비슷해 '비짜루'로도 부른다. 두릅과 비슷한 새순은 데치거나 볶아서 먹는데, 사포닌이 많아 오래 두면 쓴맛이 강해진다.

유럽에서는 오래전부터 아스파라거스를 식용했다. 간에서 알코올 분해 효소를 만들어 숙취 해소를 돕는 아스파라긴산은 아스파라거스에서 추출한 성분이다. 감칠맛을 내는 글루탐산과 혈관 건강에 좋은 루틴, 비타민도 풍부하다. 태양왕 루이 14세는 베르사유궁전에 전용 온실을 두고 재배했으며, '채소의 왕'이라 불렀다.

아스파라긴산 하면 콩나물이다. 콩나물 뿌리에 많은 아스파라긴산은 숙취 해소 기능성 음료의 원료다. 그런데 아귀찜이나 동태찜에 쓰는 콩나물은 대가리를 왜 떼어낼까? 일단 깔끔하게 보이기 위해서다. 대가리는 비리고 아삭아삭한 줄기에 비해 씹는 맛도 다르기 때문이란다. 나는 그 오독오독한 느낌이 좋다.

암행어사 박문수도 콩나물 대가리를 반드시 떼어냈다. 그는 노론과 소론이 연잉군(영조)의 세제 책봉 문제로 충돌한 신임사화(1721~1722년) 당시, 정치적으로 앙숙이자 노론의 핵심인 조태채를 배척했다. 어느 날 콩나물 반찬이 나오자, "콩나물 대가리는 베지 않을 수 없다"며 대가리를 떼어냈을 정도다. 콩나물을 가리키는 한자어 태채太菜가 조태채泰采와 음이 같기 때문이다. 그러다 조태채의 아들이 정치적 모함에 빠졌다. 박문수는 비록 그가 죄는 지었으나, 사형에 처할 죄는 아니라고 아뢴다. 영조가 "네 원수가 아닌가?" 묻자 "사사로운 일로 나랏일에 관한 판단을 흐릴 수는 없습니다"라고 했다. 원수라도 공과 사를 구분한 것이다.

박문수는 6개월간 별견別遣어사로 활약했다. 별견어사는 재해를 당한 백성 구휼과 지방관 규찰의 임무를 위해 '특별히 파견한' 어사다. 그는 간사한 지방관을 파직하고 명망 있는 인물을 임명할 것을 건의했으며, 백성의 군역 부담을 줄이기 위해 신분과 상관없이 모두가 군포를 내자고 파격적인 호포제를 주장했다. 영조는 직언을 마다하지 않은 박문수를 '보검의 손잡이'에 비유하며 신임했다. 작자와 연대가 알려지지 않은 고전소설 《박문수전》이 그를 설화에 가장 많이 등장하는 실존 역사 인물로 만들었다.

콩나물은 음식을 주로 익혀 먹는 우리나라에서 많이 먹고, 날것을 많이 먹는 일본에서는 풍미가 좋고 아삭거리는 숙주나물을 생으로 즐겨 먹는다. 콩나물 재배의 첫걸음은 종자 발아다. 이를 위해 15퍼센트 소금물에 넣고 저은 다음 떠오른 부실한 종자를 골라내야 한다.

바람 잡는 갯기름나물(방풍)

갯기름나물

갯기름나물 꽃

매물도와 소매물도, 등대섬으로 구성되는 매물도는 섬이 메밀처럼 생긴 데서 유래한 이름이다. 해안선 절벽을 따라 형성된 기하학적인 절리가 제주와 다른 풍광을 연출한다. 동백나무와 사스레피나무 숲을 따라 하루에 두 번 바다가 열리는 길을 걸어 등대섬에 이른다.

그곳에서 바닷바람에 맞선 갯기름나물을 만났다. 정식 명칭은 '바닷가에 자라고 잎은 기름칠한 것 같다'는 갯기름나물이지만, 풍風을 막아준다는 '방풍'으로 잘 알려졌다. 쿠마린 성분이 혈전 생성을 막고 치매와 암 예방에도 효과가 있다.

맛은 어떨까? 조선 최고의 맛 칼럼니스트 허균은 유배지에서 쓴 《성소부부고惺所覆瓿藁》(1613년)[19] 〈도문대작屠門大嚼〉 편에서 "방풍죽의 달콤한 향기가 사흘 동안 입안에 머물렀다"고 회고했다. 도문대작은 '도살장 문을 향해 입맛을 다신다'는 뜻이다. 자신을 '평생 먹을 것만 탐한 사람'이라 칭한 허균은 지방 관직에 나갈 때 맛있는 식재료가 나는 곳에 부임하기 위해 로비했으며, 유배지에서도 방어와 준치 타령을 했다.

갯기름나물은 한겨울에도 배추와 무 같은 채소가 자라는 제주에서 관심 밖이지만, 육지에서는 귀한 바닷가 봄나물이다. 육당 최남선은 조선에 관한 상식을 널리 알리기 위해 저술한 《조선상식》(1946년)에서 "강릉방풍죽은 평양냉면, 진주비빔밥, 대구육개장 등과 함께 팔도 대표 음식 중 하나"라고 손꼽았다.

풍風으로 불리는 뇌졸중은 우리나라에서 단일 질환 사망률 1위로, 중풍과 구안와사 등이 있다. 큰 나무가 바람에 쓰러지는 것 같다고 이름한 중풍은 뇌혈관이 막히는 뇌경색, 뇌혈관

19 유배 기간에 저술한 시와 산문을 직접 엮은 문집. 26권 8책으로, 〈도문대작〉 편은 마지막 책에 실었다.

이 터지는 뇌출혈로 나뉜다. 한쪽 팔다리가 마비되거나 말이 어눌해지며, 반신불수가 되기도 한다. 한방에서는 풍의 종류가 많지만, 외풍에 따른 감기가 대표적이고 중풍은 인체 내부의 바람에서 기인한 것으로 여겼다.

중풍으로 쓰러진 조선 임금은 태조다. 야전의 용맹한 장수에서 58세에 왕위에 오른 그는 왕자의난을 겪으며 극심한 화병에 시달렸다. 이에 정종에게 양위하고 함흥으로 내려갔으나, 중풍이 발병한 지 넉 달 만에 승하한다.

중종의 여덟 번째 아들 덕흥군의 셋째 아들로 왕위에 오른 선조는 재위 내내 정통성에 대한 콤플렉스와 당쟁에 시달렸다. 명의 허준이 어의였으나, 선조는 중풍을 앓던 중에 찰밥을 먹고 급체로 세상을 뜬다. 《동의보감》은 1596년 선조의 명에 따라 허준이 중국과 조선의 의서를 집대성하기 시작해 유배에서 풀려난 뒤 완성한 의서다. 유네스코 세계기록유산으로 등재된 《동의보감》에 "방풍은 성질이 따뜻하고 풍증을 치료하며 오장을 좋게 한다"는 기록이 있다.

대체로 병을 달고 산 조선 왕은 평균수명이 47세다. 지금은 항생제로도 간단히 치료할 수 있는 종기로 숨지기도 했지만, 주원인은 권력 암투와 과도한 업무에 따른 스트레스와 운동 부족이다. 전국의 산과 들, 바다가 정원이라는 동반자의 말에 100퍼센트 공감하며 오늘도 정원을 찾아 나선다.

참고 문헌

김남길, 《나무가 자라야 사람도 살지!》, 풀과바람, 2015.

김성환, 《화살표 식물도감》, 자연과생태, 2016.

김옥임 · 남정칠, 《식물 비교 도감》, 현암사, 2009.

박상진, 《궁궐의 우리 나무》, 눌와, 2014.

박중환, 《식물의 인문학》, 한길사, 2014.

박효섭, 《나무가 좋아지는 나무책》, 궁리, 2020.

스테파노 만쿠소 · 알레산드라 비올라, 《매혹하는 식물의 뇌》, 양병찬 옮김, 행성B이오스, 2016.

에이미 스튜어트 · 조너선 로젠, 《사악한 식물들》, 조영학 옮김, 글항아리, 2021.

유기억, 《꼬리에 꼬리를 무는 풀 이야기》, 지성사, 2018.

유기억, 《노랫말 속 꽃 이야기》, 황소걸음, 2023.

유선경, 《문득, 묻다》, 지식너머, 2015.

유영만, 《나무는 나무라지 않는다》, 나무생각, 2017.

윤주복, 《봄 · 여름 · 가을 · 겨울 식물도감》, 진선아이, 2010.

이나가키 히데히로, 《세계사를 바꾼 13가지 식물》, 서수지 옮김, 사람과나무사이, 2019.

이상곤, 《왕의 한의학》, 사이언스북스, 2014.

이유미, 《내 마음의 들꽃 산책》, 진선BOOKS, 2021.

임경빈, 《나무 백과 2》, 일지사, 1982.
전영우, 《숲과 한국 문화》, 수문출판사, 1999.
제갈영, 《우리나라 야생화 이야기》, 이비락, 2008.
조양근, 《숲》, 문예바다, 2015.
차윤정, 《숲의 생활사》, 웅진닷컴, 2004.
최주영, 《재미있는 식물 이야기》, 가나출판사, 2014.
추순희, 《숲은 번개를 두려워하지 않는다》, 솔트앤씨드, 2015.
캐시어 바디, 《세계사를 바꾼 16가지 꽃 이야기》, 이선주 옮김, 현대지성, 2021.
크리스 베어드쇼, 《세상을 바꾼 식물 이야기 100》, 박원순 옮김, 아주좋은날, 2014.
헬렌 바이넘 · 윌리엄 바이넘, 《세상을 바꾼 경이로운 식물들》, 김경미 옮김, 사람의무늬, 2017.
현진오, 《사계절 꽃 산행》, 궁리, 2005.
현진오, 《알고 보면 더 재미있는 풀꽃 이야기》, 뜨인돌어린이, 2007.
황경택, 《숲 읽어주는 남자》, 황소걸음, 2018.

화학자 홍 교수의
식물 탐구 생활 | 풀꽃

펴낸날 2024년 6월 21일 초판 1쇄
지은이 홍영식
만들어 펴낸이 정우진 강진영 김지영
꾸민이 Moon&Park(dacida@hanmail.net)
펴낸곳 (04091) 서울 마포구 토정로 222 한국출판콘텐츠센터 420호 도서출판 황소걸음
편집부 (02) 3272-8863
영업부 (02) 3272-8865
팩 스 (02) 717-7725
이메일 bullsbook@hanmail.net / bullsbook@naver.com
등 록 제22-243호(2000년 9월 18일)
ISBN 979-11-86821-93-0 04480
979-11-86821-92-3 (전2권)

황소걸음
Slow&Steady